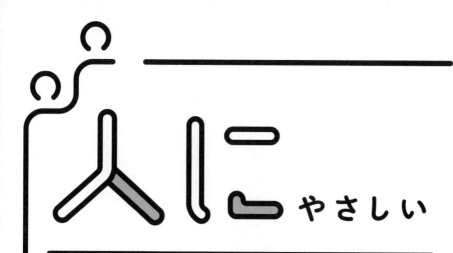

人にやさしい

モノづくりの技術

人間生活工学の考え方と方法

小松原明哲 著

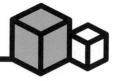

丸善出版

は じ め に

　「人にやさしいモノづくり」という言葉は，耳に心地よく，当たり前のことであり，簡単に実現できるように思えるかもしれない．しかし，いざそれを実践しようとすると，多くの難題に直面する．

　一つは，「やさしさ」の多面性がある．「使いやすいこと」「意匠（デザイン）がよいこと」はもとより，製品安全にいたるまで，非常に多くの要素が折り合いを取りながら満足されなくてはならず，しかもそれらは，耐久性，信頼性などとは異なり，定量化しにくい要素ばかりである．そして，それら各要素を実現するための技術や方法はそれぞれであり，一つひとつが奥深い学問・技術領域をかたちづくっている．全領域に精通することはできないまでも，「人にやさしいモノづくり」に携わるのであれば，せめてその基本だけでも知っている必要がある．

　二つ目に，モノゴトといわれるように，モノとコトとを一体で考える必要性がある．私たちがモノをつくるのは，便利で快適な生活を送りたい，質のよい生活を過ごしたい，という「コト」の実現が目標である．よいコトが実現できないモノは役立たず，無用の長物である．ではいったい，私たちはどのようなコトを求めているのであろうか？　その実現手段として，そのモノは適切なのであろうか？　そうした根本的な疑問に答えるためには，生活研究はもとより，マーケティングや商品企画，サービスデザイン，体験価値創造など，コトづくりの世界との関係性を確実に保ったうえで，モノづくりを進める必要がある．

　さらに，「人それぞれ」という問題にも直面する．ある人にとっては必須のやさしさ要素であっても，別の人にはさほどではないかもしれない．あるときにはぜひ必要な要素であっても，別のときにはむしろ邪魔になるかもしれない．それらの交通整理をしながらモノとしての形に落とし込んでいく必要があるが，システマティックに進めないと，たやすく泥沼に陥ってしまう．

　かくして，「人にやさしいモノづくり」を実践するには，広い視野と個別の技術，そして交通整理の方法が必要になる．そしてそれらを，生活者を基点とした一つの軸に統合した方法論が，「人間生活工学」である．

　筆者は長年，家電，IT/IoT，日用品，住宅設備，医薬・医療機器，産業機器などのメーカーとの共同研究や社員研修，技術相談に携わってきたが，現実のモノづくりの現場では，ある局所のやさしさづくりにはまり込んでしまい，後刻，顧客からの予想外のコメントに悩まされるケースも数多く拝見してきた．それらの知見と，さらに大学での講義経験を踏まえ，大学だけではなく，実務者の方への教科書，学習書を意図して本書を編集した．「人にやさしいモノづくり」への実践に向け，ぜひ知っておくべきポイントをまとめている．読者の皆さまには，それら各ポイントを理解すると同時に，さらにそれぞれの領域へのポータルとしても本書を活用していただきたいと思う．時代が変わり社会が変わり，顧客が変わっても，基礎と基本は変わらない．「人にやさしいモノづくり」への足掛かりとして本書を活用いただければたいへん有難い．

　最後に，本書を取りまとめるにあたっての謝辞を述べさせていただきたい．

　まず人間生活工学研究に取り組み，ともに悩んでくれた筆者の研究室の学生の皆さんに心からお礼申し上げたい．そして人間生活工学の面白さに気づかせてくださり，多くの機会をくださった一般社団法人 人間生活工学研究センター専務理事（当時）鈴木一重氏，同センター畠中順子氏，高橋美和子氏，また多くの交流をいただいたメーカーの関係各位に，厚くお礼申し上げたい．本書は多くの方々との取り組みの成果である．そして，本書の出版にご理解とご支援をいただいた丸善出版株式会社の長見裕子さんに厚くお礼申し上げたい．

　2022 年(令和 4 年)　2 月

小松原　明哲

目　次

6章　使いやすいモノをつくる ————————————— *81*

10章　生活事故の分析と対策立案 ———————————— *141*

11章　サービスの提案 ————————————————— *147*

14 章　生活研究の方法 ————————————— *203*

人間生活工学の考え方

　生活の質（QOL：quality of life）を高めるために，私たちはモノゴトをつくる．そのモノゴトづくりを，生活者の視点に立って進める方法論が，人間生活工学である．

1・1　人間生活工学の考え方

　（1）**ヒューマンスケール**　　人間のスケールを小さい方から見てみると，遺伝子，細胞から始まり，臓器，人体，生活者，そして家族や職場などのチームや集団，さらには組織，社会，国家，民族，というように整理できる（図 1-1）．遺伝子，細胞，臓器，人体などは，人間を生物学的存在として扱うものといえる．医学や薬学，人間工学などは，ここに軸足を置いている．自然科学との関係が深い．

　一方，集団，組織，社会とスケールが大きくなっていくにつれ，一人ひとりの顔はだんだん見えなくなり，「人々」という考え方が生まれ，人々を最大限に満足させるモノゴトづくりが関心事になる．モノであれば一般消費財や公共施設などであり，コ

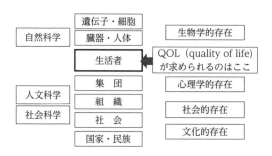

図 1-1　ヒューマンスケールと生活者の位置

トであれば家族旅行や仲間との飲み会，趣味のサークルであるとか，学校，会社といったことである．ここでは誰か一人が満足するというのではなく，全員が相応に満足できなければ，よいモノゴトとはいえない．そのためには秩序も必要で，ルール，法律，社会制度といったコトづくりも必要になる．これらは人文科学，社会科学などとの関係が深い．

　こうした各スケールにおけるモノゴトづくりは，最終的には，一人ひとりの生活者の QOL に実を結ぶ必要がある．

　（2）　**生活者**　　生活の場において，個性をもち，気持ちをもって行動する個人を生活者という．「人」としての顔が見える存在である．生活とは家庭での暮らしのみならず，職業生活，社会生活など，人の営みすべてを意味している．

> **COLUMN　Life**
>
> 　生活のみならず，命，人生，生涯などを英語ではすべて Life という．つまりヒューマンスケール全体である．人間生活工学では，この Life を，生活という観点から考えようとしている．

　（3）　**なぜ人間生活工学が必要なのか**　　一つのモノやコトについても，ヒューマンスケールそれぞれからの評価が必要であり，そのすべてがうまく折り合わないと，よいモノやコトにはならない．

【例】医薬品
　　薬効については，細胞や臓器に対する（疾患に対する）評価が必要である．しかし，医薬品は患者に服用されなくてはならない．となると，服用しやすい剤形，服用するのに抵抗感のない色や味，ということも重要である．さらには，取り間違いが生じにくい包装外観，薬局での管理のしやすさなどの側面も求められる．よい医薬品は，これらすべてを満足する必要がある．

【例】ピクトグラム
　　赤十字は，命の保護の活動を表す標章である．シンプルで美しく，視認性もよい．しかしイスラム圏においては，十字は，十字軍の侵略に遡る忌避される記号である．そこでイスラム圏では，「善と幸福」を表す三日月が用いられている．この例が示すように，モノやコトは文化を象徴していることがある．見やすさや意匠という一面だけで設計を進めると，思わぬトラブルが生じることにもなる．

　一つのヒューマンスケールだけでモノゴトをつくっていてはいけない．重要なことは，ヒューマンスケールそれぞれの要求を組み合わせ，生活者の視点で統合し，一つのモノやコトを実現していくことである．

心理学的側面
認知, 感情, 情動, …

生物学的側面
生理, 解剖, …

文化的側面
風俗, 風習, …

社会的側面
家族, 人間関係,
職業, 立場, …

図 1-2　お食事会にもさまざまな側面がある

（4）　**モノづくりとコトづくり**　　形のある有体物がモノ, サービスのような形のない無体物がコトである. この両者は密接な関係があり, 単独では存在できない.

> 【例】デリバリー
> 　飲食店の料理（モノ）を自宅で楽しみたいから, デリバリーサービス（コト）がある. デリバリーサービスがあるから, デリバリー用のバイク（モノ）が開発される.

　モノは, 役割（機能）, つまりコトを提供するために存在する. 例えば筆記をする（コト）のために, 鉛筆（モノ）が存在する. つまり, モノづくりの前に, どのようなコトを実現したいのか, というコトづくりを考えることが先決である.

1・2　社会の変化と人間生活工学

　時代は変化する. そこで, モノゴトを実現するその時代の技術と, その時代の生活についての観点をもつことは重要となる.

　（1）　**技術の変化**　　あるヒューマンスケールでのポジティブな変化を求め, その時代の技術, 新技術を用いてモノゴトはつくられる. それにより生活が変わる. しかし得るものがあれば失うものもある.

> 【例】鉄道技術
> 　鉄道技術が進歩し列車が高速化すれば, 移動は楽になり, 日帰り出張が可能になり, 生産性は高まる. しかし, 移動に伴う旅情や, その地に宿泊しての地域の風情, 名物料理に親しむといった機会は失われる.

（2）　**社会の変化**　　生活者の価値観や人口動向などの社会の変化も，モノゴトづくりに影響を与える．

①　**人口の変化：**　図 1-3 は，日本の人口推計である．年少人口（14 歳以下）は 1980 年前後の第二次ベビーブーム以降，減少が続くとみられている．生産年齢人口（15 ～ 64 歳）は，1995 年がピークで，以降，少子化により減少してきている．一方で 65 歳以上の老年人口は増加しているものの，2042 年にはピークとなり，その後は減少すると推計されている．

このような推計に基づくと，私たちの生活は今後，大きく変わらざるを得ず，それにより，新たなモノゴトが求められるようになることは容易に推察される．

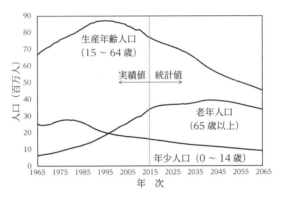

図 1-3　**日本の人口推計**（出生中位（死亡中位）推計）
[国立社会保障・人口問題研究所資料]

・**高齢者のためのモノやコト：**生産年齢人口は減少し，一方で老年人口は増える．2060 年には，老年人口：生産年齢人口の比率は，おおむね 1：1.3 と推計される．こうなると，高齢者は若者（生産年齢人口）に頼ることはできなくなり，生活自立が今まで以上に強く求められる．しかし，加齢とともに身体能力は低下する．そこで，高齢者に使いやすく，健康寿命を延ばすモノゴトづくりが，今まで以上に求められる．

高齢者の生活自立を促しても，やがては介護が必要になる．かつては「長男の嫁が義父母の面倒をみる」といういい方があったが，生産年齢人口が減少しているから，もはや昔話に近い．介護サービスというコトが必要になる．しかも，質を維持したうえでの能率のよい介護サービスとそのための介護用品が必要になる．

・**忙しくなる：**生産年齢人口は減少するから，少ない人数で多くの仕事をする必要が

ある．ロボット，AI（人工知能），IT（information technology），IoT（internet of things）などの活用を進めることは必須となる．

・**職場のダイバーシティ**：女性の就労，高齢者就労はさらに進む．そこで子育て支援，職場のバリアフリー，快適職場づくりなどのモノゴトが一段と求められる．外国人労働者に対しては，宗教や生活文化を考えたモノゴトが必要となる．

② **生活規模の変化**：　図1-4に日本の世帯数統計を示す．人口減少の中で，世帯数は増えている．つまり，世帯の小規模化が進んでいる．

戦前の農業社会においては大家族が基本であったが，戦後の工業社会では核家族（夫婦と子ども）化が進み，夫は仕事，妻は専業主婦のパターンが一般的であった．21世紀に入り情報社会になると，結婚しても子どもをもうけない世帯や，老若問わずに独身世帯も増えてきた．つまり生活規模が小さくなっている．結果，住居も小型でよくなる．家事専従者が家庭内にいなくなるから，家事は夜間や休日にまとめて行われる．外食など，家事の外部化も求められる．それらを前提にしたモノゴトづくりが必要である．

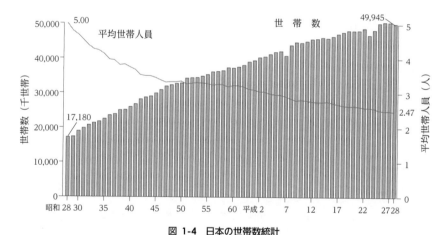

図 1-4　日本の世帯数統計
[厚生労働省政策統括官：グラフでみる世帯の状況　国民生活基礎調査（平成28年）の結果から（平成30年）]

③ **生活レベルの変化**：　日本において貧困問題は確かに存在しているが，総じてみると衣食住に関する生活必需品は，充足してきている．「何か欲しいモノはありますか？」と尋ねられても，答えに窮する人も多い．一方で，夢の国の遊園地は大賑わいである．モノ消費からコト消費への変化といわれるように，よい体験を得るために

お金が使われるのである.

④ **価値観の変化**: 2015 年 9 月,国連サミットで採択された SDGs(Sustainable Development Goals,エス・ディー・ジーズ(持続可能な開発目標))が象徴的である.SDGs では,地球上の「誰一人取り残さない(leave no one behind)」ことを誓い,17 のゴール・169 のターゲットを 2030 年までに達成することが謳われている.生活者レベルにおいても,意識変革と,SDGs を実現するためのモノゴトが求められる.

1・3 企業活動と人間生活工学

(1) **企業活動** 企業は利益が得られなければ,存続できなくなる.

COLUMN 消えたモノゴト

今の商品が売れているからといって,この先も安泰である保障はない.隆盛にあるモノゴトも,いつの間にか消え去ることがある.

① **新技術により,そのモノゴトの機能を引き継いだ別のモノゴトが出現した**

レコードは CD に取って代わられ,CD はさらに音楽ダウンロードサービスに追いつめられている.対面会議場は,テレビ会議(遠隔通信)に追いつめられている.海外旅行も VR(virtual reality)に追いつめられつつある.さらに,レコードが消えたので,レコードプレーヤも衰退したというように,宿主が消えると,必然的に寄生していたモノゴトも消える.

② **時代が変わり,そのモノやコトが要求されなくなった**

公衆浴場は,家庭内に風呂やシャワーが完備されるようになり,減少の一途である.

ただし,良さのすべてが後継のモノゴトには引き継がれないことも多いので,完全に消滅はせず,新たな価値をもったモノゴトとして進化を遂げていくこともある.銭湯も,健康ランドやスーパー銭湯として発展を遂げている.

COLUMN　製品化への苦難

　新しいモノゴトのアイデアを思いついたとしても，それが即，新商品になってヒットするかというと，そう簡単なことではない．さまざまな苦難を乗り越えていく必要がある．
　“魔の川”　基礎研究からシーズが得られても，それを製品に展開できるのかの関門
　“死の谷”　製品として提案できても事業化に進められるかの関門．生産設備や流通確保などで事業化を断念せざるを得ない場合も多い．
　“ダーウィンの海”　製品やサービスが，魔の川，死の谷を乗り越え市場に投入されても，競合他社製品との競争や，顧客の厳しい評価にさらされて生き残れるかの関門．この関門を越えて，初めて市場において成功したといえることになる．しかし，競合他社も，当社製品の弱点を突いた類似品を出してくるのは必至であり，短期間で淘汰されてしまうこともある．長期的には，さらなる新技術や時代変化により衰退してしまうこともある．

　利益は，売上げと原価の差分である（利益＝売上げ－原価）．そこで，利益を上げるためには，「売上げを伸ばす」と，「原価を削減する」の両方の取組みが必要になる．

　①　**売上げを伸ばす**：　買ってもらう必要がある．ではどうするか？　次の（ⅰ）～（ⅲ）が必要になる．

　（ⅰ）　**商品企画**：生活者は，要らないモノゴトは買わない．要るモノゴトを購買する．そこで生活者が求める要求（ニーズ）を満たすモノゴトを企画する．「何をつくればよいのか？」ということである．生活者のニーズを探り出し，それを実際のモノゴトの形に整えていく．

　（ⅱ）　**広告・宣伝をする**：良いモノゴトができたとしても，その存在が生活者に知られなければ，購買につながらない．そこで広告を行う．さらに，そのモノゴトの良さを理解してもらう宣伝を行う．しかし広告，宣伝には費用がかかる．そしてターゲットとする生活者の購買につながるものでなければ意味がない．広告，宣伝も，生活者の視点からつくる必要がある（第13章）．

　（ⅲ）　**販売チャネルを確保する**：生活者がそのモノゴトの存在を知り，良さを理解しても，実際に購買されなければ売り上げにつながらない．そこで，購買してもらうための

COLUMN　ポチっと購買

　おサイフから現金が出ていくと不安であるが，ECサイト（electric commerce）で購買ボタンをポチっと押すのには抵抗がない人も多い．また自動課金されるサービスでは，購買している意識が乏しいことも多い．電気やガス，水道もそうである．水道の蛇口をひねるたびに，お金が飛んでいくことをイメージする人は少ないのではないだろうか．購買時の心理的抵抗感のハードルが低いことは，企業からすると売上増にもつながるが，生活者からすると無駄遣いということにもなりかねない．

販売ルートを確保する．実店舗に足を運んでもらって購買してもらうことのみなら
ず，電話注文や通信販売によりお届けするという選択肢もある．

　②　**原価を削減する取組み：**　要するに安くつくる．設計，製造，購買の取組みが
求められる．現場用語でいう3ムダラリ（ムダ，ムラ，ムリ）の排除を行うための
「改善活動」を展開する．

　モノづくりでは，Value Engineering（VE），Industrial Engineering（IE）の技
術が有益である．労働力確保や原材料の調達，製品輸送コストなどを考えて生産拠点
を海外に移すなどの経営判断も必要になる．

COLUMN　特性要因図

　図1-2に示したように，お食事会にもさまざまな側面がある．そうしたさまざまな側面が存
在している場合には，「QC七つ道具」の一つである特性要因図により表現すると全体が把握し
やすい．「お食事会満足」を目標（目的変数，または被説明変数という）とした場合，それに対
して効果・影響を与える具体的な要素（説明変数という）は多数のものがあげられ，下図のよう
に整理できる．説明変数は独立しているものもあるし，相互に関係しあっているものもある．ま
た目的変数に対して強く影響を及ぼすものと，さほどではないものや，制御できるものとできな
いものもある．そうした検討もしやすくなる．

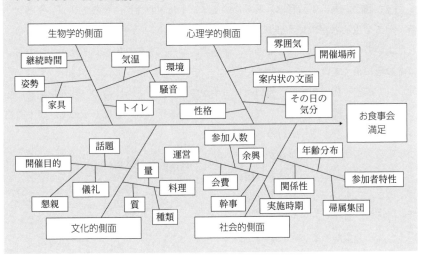

演習問題

1. あるモノゴトを取り上げ，それを図 1-1 のモデルにより検討せよ．各，ヒューマンスケールにおいて何が要求されているだろうか？

2. 「筆記をする（コト）のために，鉛筆（モノ）が存在する」．この例にあるように，身近なモノを取り上げ，それがどのようなコトを与えるものなのかを明らかにせよ．

3. 「人口の変化」「世帯規模の変化」「SDGs」などの社会動向を考えたときに，今後どのようなモノゴトが求められるかを考察せよ．

4. 消え去ったモノゴトを思い出し，それがなぜ消え去ったのかを検討せよ．また，新たな価値を得て進化を遂げることはできないかを考察せよ．

2

品質と人間生活工学

モノゴトの「良さ」は，「品質の良さ」といい換えることができる．本章では，品質ということについて整理してみよう．

2・1 「品質」とは？

（1） **品 質** JIS Q 9000：2015（ISO 9000：2015）（品質マネジメントシステム–基本及び用語）では，品質を次のように定義している．

品質（quality）：対象に本来備わっている特性の集まりが，要求事項を満たす程度
生活者が利用するモノゴトであれば，そのモノゴトに関わる生活者が，そのモノゴトに満足しているときに，そのモノゴトは品質が良いといい換えることができる．

（2） **モノゴトに関わる生活者** モノゴトに関わる生活者は多様である．次のような見方ができる．

① **利用者と提供者：** 利用者と提供者が存在する，双方の要求が満足される必要がある．

【例】着ぐるみのマスコット
　遊園地では，着ぐるみのマスコットが楽しい動きでお出迎えしてくれる．利用者にとっては嬉しいが（満足度は高い），中に入っている提供者は，真夏は地獄である（満足度は低い）．これでは，品質が良いモノゴトとはいえない．

② **3 種類の利用者：** 利用者には次の 3 種類が存在する．
・主利用者（primary user）：そのモノゴトをメインに使う人
・副次利用者（secondary user）：主使用者の使用により影響を受ける人
・同席者：たまたまその場に居合わせた人

COLUMN 「人にやさしいモノづくり・コトづくり」

　モノゴトは，利用者，提供者の双方を満足させなくてはならない．これを表すいい方として「人にやさしいモノづくり・コトづくり」という言葉があるが，人間生活工学のキャッチコピーとしては絶妙である．"やさしい"は，易しい，優しい，の二つの意味がある．そして「やさしい"モノ・コト"をつくる」ということと，「やさしい"モノづくり・コトづくり"を行う」という二つの意味がある．前者は利用者に適するモノ・コトをつくる，ということである．後者は，提供者に無理をかけることなくモノ・コトをつくる，ということであり，QWL（quality of working life）の向上を目指す，といい換えることができる．

　副次利用者や同席者は存在しない場合もあるが，この方々にもよいモノゴトであることが求められる．

【例】モノの例

	主利用者	副次利用者	同席者
自動車	運転者	同乗者	通行人
ベビーカー	保育者	赤ちゃん	ベビーカーが利用される電車やバスに乗り合わせた人

・自動車であれば，運転者や同乗者に快適であることのみならず，通行人が車の接近に気づきやすい，泥はねされないなどといったことも重要である．
・ベビーカーは，保育者が赤ちゃんを運搬するために存在し，ベビーカーの取り回しがしにくいと赤ちゃんに影響が及ぶので，主利用者が保育者となる．そのうえで，赤ちゃんの乗車快適性はもとより，電車やバスでは他の乗客の迷惑にならないようにコンパクトであるといったことも求められる．

【例】コトの例

	主利用者	副次利用者	同席者
花火大会	観客	誘導員	近隣住民
美容室	顧客	美容師	顧客が連れてきた子ども

・花火大会では，近隣住民への騒音への配慮が求められる．生活道路での交通渋滞，観客が街角にごみを捨てるなどといったことも大問題で，イベントの中止に追い込まれてしまうこともある．なお，誘導員の適切な誘導によって観客がスムーズに流動し，快適に花火を楽しめるので，誘導員が実は主利用者，という見方もできる．
・美容室では，顧客が連れてきた子どもへの配慮がなされないと，顧客も美容師も落ち着いてカットができない．子どもが美容台の下に入り込んで悪さをしていた，などということもあり得る．また，美容師が働きやすい施設でなければ適切なサービ

COLUMN　ステークホルダーとしての購買者 ①

　モノゴトにかかわりをもつ人をステークホルダー（stakeholder）という．ステークホルダーとして，利用者だけではなく購買者を考える必要がある．特に業務用パソコンなどのモノであれば，購買部門が価格や会社の付き合いなどから現場（利用者）の実情に沿わないモノを選択してしまう場合がある．また大規模イベントでは，スポンサー企業の飲料しか販売できない，持ち込めない，ということもあり，利用者から不満の声があがることがある．こうした「大人の事情」に関係した人の理解を促すことも，モノゴトづくりでは必要になる．

COLUMN　ステークホルダーとしての購買者 ②

　リフォーム工事において，施主の指定がない住宅設備機器は，工務店が選択する．その際に，設置工事が容易，ということも選択基準になることがあるそうである．つまり，住宅設備機器の最終的な主利用者は，その住宅の住人でありながら，その購買者は工務店であり，しかもその選定は職人の満足度による，ということである．コトについても，例えば，保険商品では，販売時の事務作業や顧客説明が余りに面倒であると，代理店の販売意欲が削がれてしまうこともある．

　スが提供されないので，美容室の主利用者は美容師と立場を逆転して考えてみることも意味がある．

③　**利用者の入替わり：**　モノゴトの利用の流れ（ライフサイクル）によって，利用者が替わることがある．

【例】自動車

　自動車のメインの主利用者は運転者であるが，ガソリンスタンドで給油をするスタッフ，整備作業員は，保守時の主利用者である．さらには廃車をバラバラにするリサイクル作業員は廃棄時の主使用者である．そしてそれぞれに副次利用者や同席者が存在することもある．

プロセス	主利用者	副次利用者	同席者
タイヤ交換する	タイヤ交換をする運転者，スタッフ		見物している人
目的地まで運転する	運転者	同乗者	歩行者
所定量給油する	・ガスリンスタンドのスタッフ ・セルフスタンドで給油をする運転者	乗車したままの運転者，同乗者	セルフスタンドに立入る第三者
廃車をバラバラにする	リサイクル業者		リサイクル工場の近隣住民

　　無論，タイヤ交換をする人や給油スタッフの都合で自動車が購買されることはない
だろうが，それらの人にも扱いやすくなければ，良い自動車とはいえない．
　　モノゴトの提供者は，とかく，メインの主利用者の，メインの利用のみに目がいき
がちであるが，他の利用者やメイン以外の利用シーンの利用者も丹念に調べ，その全
員の要求（品質）を実現することが求められる．

2·2　品質のとらえ方

　品質にはさまざまな側面や見かたがある．
　（1）　狩野の品質モデル[1)]　　1980 年代に狩野紀昭氏（東京理科大学教授）が提案
したモデル．顧客から見たときには，品質には 5 側面があるという．
・当たり前品質：充足しているのが当然であり，不充足であれば不満となる要素．そ
　のモノゴトの本来の目的要素がそうである．
・一元的品質：充足していれば満足につながり，不充足であれば不満につながる要素
・魅力的品質：充足されれば，より満足を与えるが，不充足であっても不満には必ず
　しもならない要素
・無関心品質：充足状態によらずに，満足には直接的に影響を与えない要素
・逆品質：充足されていることがむしろ不満になり，不充足であることが満足を感じ
　させてしまうような要素

狩野の品質モデル：扇風機で考えてみる

当たり前品質	送風すること
一元的品質	静穏であればうれしい．轟音をたてては不満になる
魅力的品質	風の柔らかさ
無関心品質	型番やロット番号の表示ラベルの明瞭性
逆品質	本体に不釣り合いなほどの豪華なつくりの取扱説明書

　これらは，明確に区別できるものでもなく，一元的品質は競合商品より群を抜いて
良好であれば，魅力的品質になる．また，魅力的品質も顧客がそれに慣れ，競合商品
も満たしてくれば，当たり前品質になってしまう．無関心品質も，それが必要とされ
るときに存在しなければ，当たり前品質の欠落として不満になってしまう．

1）　狩野紀昭，瀬楽信彦，高橋文夫，辻　新一：品質，**14**(2)，39 (1984).

(2)　設計品質と利用時の品質[2]　　スマートフォンのような IT 製品では，プログラムにバグがない，耐久性があるなどといったことは，設計時につくりこむことができる．このような要素を設計品質（設計時の品質）という．

　一方，ユーザが，いざそれを使って目的を果たそうとするときに生じる満足や不満に関わる品質を，利用時の品質という．「利用者がある利用状況において，利用者のニーズに照らして，製品・システムを利用できる度合い」と定義される（ISO/IEC 25000 シリーズ（SQuaRE））．例えば，スマートフォンのカメラ機能は，撮りたいと思ったときにすぐに使用できれば満足になるが，起動に手間取りシャッターチャンスを逃すことになると不満に思う．

　利用時の品質を見出すためには，インタビューなど利用者調査や，ペルソナ・シナリオ手法による利用状況の想定などが必要となる．

(3)　ウォンツとニーズ　　マーケティングでは，顧客の期待を，ウォンツ（wants）とニーズ（needs）の 2 種類に区別する．

- **ウォンツ**：顧客が求めるモノやコトのこと．例えば，「自動車が欲しい」という声は，ウォンツである．
- **ニーズ**：ウォンツをもたらす本質的な欲求のこと．「自動車が欲しい」というウォンツがあるのは，旅行に行きたい，荷物を運びたいなどというニーズがあるからである．

　つまり，ニーズがまずあり，その実現手段，解決手段としてウォンツがある．ニーズには，本人が自覚しているニーズと，本人は自覚していないが，それを指摘されると初めてその存在を自覚するニーズとがあり，前者を顕在ニーズ，後者を潜在ニーズという．

2）　情報処理推進機構：つながる世界の利用時の品質 ～ IoT 時代の安全と使いやすさを実現する設計 ～（2017）．

　例えば，「荷物を運ぶので（ニーズ），自動車が欲しい（ウオンツ）」と明確にいえるのであれば顕在ニーズ，漠然と「自動車があるといいなあ」と思っているときに，「休日に家族でドライブでもして，良い時間を過ごしたいのではないですか？」と指摘されて，初めて自分は家族との触れ合いを望んでいたのだと気づくことが潜在ニーズとなる．

　顧客が求めているものはニーズであり，ニーズが充足されさえすれば，ウオンツとして提示されたモノゴトは，別のモノゴト（代替案）であってもよい．自動車が欲しいというウオンツについて，そのニーズが家族との良い時間を過ごすことなのであれば，皆で近隣の公園に歩いて行って，鬼ごっこをすることでもよいのである．

2・3　生活者が求める品質要素

（1）　要求される品質要素　　生活者はモノやコトに対して，具体的にどのような品質要素を要求するのだろうか？

　例えば，スマートフォンの購買時に気にしたことは何だろうか？

表 2-1　スマートフォンに求める品質要素（Ⅰ）

搭載されている基本機能（機能）
クリアな電話音質，電池寿命（性能）
故障しない（信頼性）
本体価格や通信費用（価格）
廃棄処理の仕方（廃棄性，環境配慮）

　①　**当たり前，一元的な設計品質：**　表 2-1 のようなことが気になったのではないだろうか．これらは，人によらずに「良い状態」，例えば音質は良いほうがよい，寿命は長いほうがよい，安いほうがよい，ということは同じである．したがって，設計者側が設計できる「設計品質」である．ただし，価格を除けば「そこまでは要らない」という限度があるかもしれない．その限度を超えると，過剰品質になる．

　これら要素の多くは定量的（数値的）に評価ができる．そこで複数の製品がある場合，その比較も数値的に行うことができる．そして当初は魅力的品質であっても製品が成熟化するにつれて，「当たり前品質」になる．

　②　**魅力となる利用時の品質：**　購買時に気にしたことは，「当たり前の設計品質」要素だけではなく，表 2-2 のような使いやすさ，意匠（デザイン），便利さといったことも気になったと思う．

表 2-2　スマートフォンに求める品質要素（Ⅱ）

本体サイズ	画面の見やすさ	
操作のしやすさ	角の丸み	本体色

　これらの「良い状態」は人それぞれであり，また重視度（重みづけ；ウェイト）もそれぞれである．サイズであれば，胸ポケットに納まるサイズを選んだかもしれないし，大画面を求めて大型を選んだ方もいるかもしれない．どうでもよかった人もいるかもしれない．

　状態を数値で表しても，それが即，使用者の満足を表さない．電池寿命であれば5時間を10時間にすれば満足度は高まるだろうが，本体の角のR（丸み）を半径5 mm から 10 mm にしたときに，満足度が高まる人もいれば，下がる人もいるだろう．「これが良い」とメーカーが決めつけることもできない．使用者の主観的な評価が求められる．

　さらに，店頭で見たときと，実際に使用するときとでは，評価は変わるかもしれない．明るい本体色であり，店頭では気にいっても，実際に使うときは派手すぎて恥ずかしい，ということもあるかもしれない．

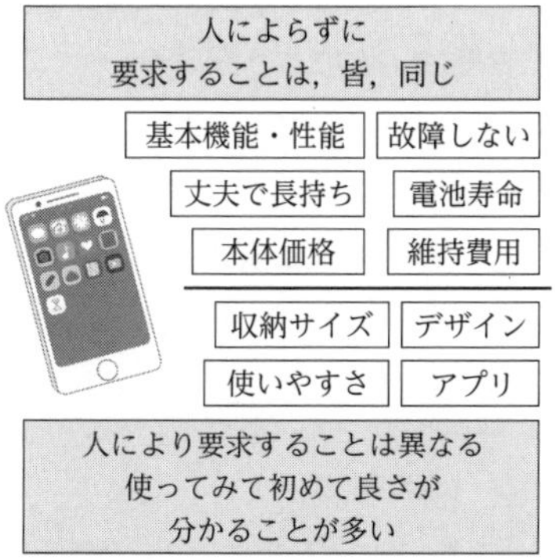

　つまりこれらは「利用時の品質」であり，その人にとっての「魅力的品質」といえる．利用者の主観評価を通じて把握せざるを得ないので扱いにくい．しかし，「当たり前，一

図 2-1　スマートフォンに求められる品質要素

COLUMN　相応の価格

　価格は安いに越したことはないとはいいながら，それは日用品の話しであり，贈答品や宝飾品などでは，高価な方が喜ばれる場合もある．自動車もそうで，目の玉が飛び出るような価格の高級車もあり，しかもそれが個人所有されていることもある．これらは実用目的というより，ステイタスシンボルのことが多い．そこでは安価はむしろ喜ばれず，安いということで不購買につながることすらある．

　超高級品だけではなく，化粧品，洋服，百貨店の販売する商品など，相応のブランドイメージが定着しているモノゴトは，そのブランドイメージにフィットした価格であることが重要であり，それなりの価格であることが自尊心を満足させていることもある．つまり，ニーズが自尊心の充足，ステイタスの維持にあるのであれば，安さはニーズを充足できなくなる．

元的な設計品質」が成熟した商品では，差別化の鍵になる部分である．

（2）　品質要素へのウェイト

いくら素敵な外見のスマートフォンであったとしても，あまりに貧弱な通話性能や電池寿命では困る．つまり，性能や信頼性，価格などの当たり前品質あっての，使いやすさやデザインである．特にビジネスユースであればそうだろう．しかし，実用性よりステイタスシンボルとして考えている人であれば，素敵な外見に

> **COLUMN　品質要素の個別評価とモノゴトの総合評価**
>
> 　購買する気持ち（総合評価）が目的変数だとすると，一つひとつの品質要素はウェイトのついた説明変数に位置づく．つまり，重回帰式が仮定できる．
>
> 　購買する気持ち（総合的な評価）Y
> $$= a_1X_1 + a_2X_2 + a_3X_3 + \cdots\cdots + a_nX_n + e$$
>
> ここで，a はウェイト，X は品質要素に対する評価，e は誤差である．

惹かれて，価格や性能に妥協した人もいるかもしれない．つまり，品質要素に対する重視度は，人により異なる．

（3）　生活研究の必要性　　モノゴトを具体的な姿にしていくためには，生活研究が必要になる．

①　利用状況と要求を知る：　そのモノゴトの利用者のばらつきや利用のされ方（モノゴトへのかかわり方）を調べなければ，要求される品質要素の検討を進めることができない．また，ウェイトも分からない．

> 【例】
> ・スマートフォンであれば，若者が使うのか，子どもが使うのか，高齢者が使うのかにより，要求されることも，ウェイトも異なってくる．
> ・ショップ店員のかかわりも忘れてはいけない．初期設定のしやすさ，説明のしやすさ，修理のしやすさも重要である．

②　品質要素に対する仕様を定める：　品質要素の仕様を定めるためには，利用実態や利用者ニーズ，評価を知る必要がある．

> 【例】
> ・人はどれほど乱暴に扱うのか？　ということが分からなければ，強度設計ができない．
> ・1日，何時間利用するのか？　が分からなければ，電池寿命の目標が定められない．
> ・どういった人が，どういった利用をするのか？　が分からなければ，「使いやすさ」「便利さ」の具体的要件が定められない．

・市場はどのような色を好む人が多いのか？　が分からなければ，色ぞろえも決められない．

③　**検証をする：**　実際に定めた仕様が適切であるかを検証するためには，利用者に試用してもらい意見を得るなどの検証が必要になる．

【例】
・想定した利用者の「使いやすさ」の検証を得ることなく見切り発売するとどうなるだろう．問題が実は残っており，苦情の嵐に見舞われるかもしれない．

結局，そのモノゴトの利用者や利用状況が明らかにならなければ（決められなければ），要求される品質要素もそのウェイトも，実際の仕様も定められない．利用者に検証してもらわずに，いきなり発売すると，市場で問題が発覚し，ひどいことになるかもしれない．利用の実態や利用者のニーズ把握，検証まで，生活研究は絶対的に必要になる．設計者（モノゴト提供者）の想いは重要だが，思い込みでモノゴトを開発してはいけないのである．

> **COLUMN　つくり手と使い手のコミュニケーション**
>
> 　つくり手（提供者）と使い手（利用者）とは，モノゴトを通じてコミュニケーションをとっている．利用者が求めるニーズを探り出し，それを提供者は実現する．利用者が求めるものとは異なるモノゴトをつくっても，それは無用の長物になってしまう．一方で，利用者もないものねだりをしてもダメであり，提供者の事情を理解する必要もある．何を求めているのか，求められているのか，できるのか，できないのか，両者のコミュニケーションが必要である．

演習問題

1. 身近なモノゴトを取り上げ，利用の流れに従って，主利用者，副次利用者，同席者を明らかとしてみよ．

2. 身近なモノゴトを取り上げ，「狩野の品質モデル」「設計品質と利用時の品質」「ニーズとウオンツ」の観点から検討してみよ．

3. 自分はスマートフォンを購買するときに，どの品質要素を重視するか？　次ページの表を用いてウェイトをつけてみよ．また，一対比較をしてみよ．それらの結果をほかの人と比べて，考察せよ．

ウェイト付けの表

品質要素	ウェイト	品質要素	ウェイト
通話品質（音質が良い）		維持費用（月額料金）	
信頼性（故障しない）		本体サイズ	
頑強性（落としても割れない）		色	
電池寿命		使いやすさ	
本体価格			

ウェイト：◎：必須である，○：重視する，△：どちらでもよい，×：重視しない

一対比較の表

	通話品質	信頼性	頑強性	電池寿命	本体価格	維持費用	本体サイズ	色	使いやすさ	勝　点
通話品質（音質が良い）										
信頼性（故障しない）										
頑強性（落としても割れない）										
電池寿命										
本体価格										
維持費用（月額料金）										
本体サイズ										
色										
使いやすさ										

　一対比較とは，項目同士の1対1の比較である．行の項目と列の項目を比べ，行の項目を重視する場合には，○を，列の項目を重視する場合には×を対応するマスに入れる．すべて記入したら，最右欄（勝点）に行の項目（横方向）の○の数を記入する．○の数が多いほど，重視していることになる．なお，○に対して対角線の対称位置には×が記載されているはずである．

人間を理解する

　生活者を基点にモノやコトをつくるとなると，人間の特性，それ自体の理解が欠かせない．人間の特性には多くのものがあるが，モノゴトと人との関係性（インタラクション）をベースに，「人体」「生活者」「チーム」のレベルでポイントを考えてみよう．

3・1　外界とのインタラクション

　（1）　インタラクションの基本プロセス　　人間は，外界とのインタラクションを繰り返している．すなわち，

　① 外界の状況を五感（p. 27）を通じて把握し《知覚》，

　② それに対して，どのような行動をすべきかを判断し《判断》，

　③ そして，その行動を実行する《動作（操作）》．

　すると，

　④ 外界の状況が変わるので，再び①から次のサイクルが始まる．

　インタラクションはある目的のもとに能動的に回していることもあるし，無意識のうちに回していることもある．いずれであっても，このインタラクションがスムーズに進み，自分の望む結果が得られれば，気分が良い．気分が悪いのは，スムーズに進まないとき，自分の望む結果が得られないときである．

　【例】水道の蛇口を締める
　　水道の蛇口から水がたれていることに気づくと，手を伸ばして，蛇口を閉める（図3-1）．

① 五感を通じて外界の
　状況を知覚する

② どのような行動を
　すべきかを判断する

③ 行動（動作）する

図 3-1　外界と人間との
**　　　　インタラクション**

【例】椅子に座りなおす
　　　足腰に負担がかかったので，無意識のうちに椅子に座りなおす．

（2）　**インタラクションの相手**　　インタラクションの相手として，モノ，人，そしてその中間としてロボットについて考えてみよう．

①　**モノとの関係**

（ⅰ）　**マン・マシンシステム**：使い手（人間：マン）とモノ（機械：マシン）との関係は，図 3-2 で整理できる．これをマン・マシンシステム（man-machine system：MMS）という．なお，機械には，鉛筆，消しゴム，鍋，包丁などといったシンプルな道具も含まれる．

　人間は，機械の表示器（display）を《知覚》し，状態を把握し，何をすべきかを《判断》し，操作器（controller）の《操作》を通じて自分の判断を機械に伝達する．

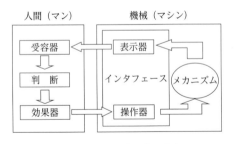

人間（マン）　　　　機械（マシン）

受容器	←	表示器	←
判　断		インタフェース	メカニズム
効果器	→	操作器	→

図 3-2　マン・マシンシステム

【例】ATM
　　　ディスプレイを見たり音声ガイダンスを聞いたりして（知覚），判断し，暗証番号や金額を入力する（操作）．ディスプレイや音声ガイダンスが表示器，ボタンや通帳挿入口が操作器である．

【例】習 字

筆先の状態を見て《知覚》,《判断》し,筆を進める《操作》.筆先が表示器,筆管が操作器になる.

(ⅱ) **使いやすい機械**:マン・マシンシステムから分かるように,人間と機械とは情報を仲立ちとしたシステムを構成している.この情報がスムーズに流れれば,気持ちがよい.つまり「使いやすい」機械ということになる.それを実現するためには,次が配慮されなくてはならない.

a. 機械から提示される情報が容易に看取でき,理解できること
　　・表示の見やすさ,聞きやすさ
　　・表示内容の理解のしやすさ,覚えやすさ

b. 自分の判断したことが容易に機械に伝えられること
　　・操作手順の分かりやすさ
　　・操作器の操作のしやすさ

c. 情報の取得,機械の操作をするときに無理な姿勢をしないでよいこと
　　・表示,操作器の位置,配置の適切さ

d. 入力に対し,機械からフィードバックが与えられること
　　・フィードバックが得られ,その意味が分かる
　　・フィードバックが得られるまでの時間は迅速,適切である

以上は配慮すべき基本事項であるが,さらに次も必要となる場合もある.

e. 機械から不快,有害な発射物・漏えい物がないこと
　　・有害な光線,電磁波,振動,騒音,温熱,静電気などが発生しない
　　・素材の生体適合性がよい

f. 設置使用環境に制限が少ないこと
　　・グレア（表示器に光が映り込むこと）の発生を避けるなど,機械の設置場所や利用場所について制限が少ない

g. 使用時間の制限が少ないこと
　　・長時間使用した際の不快や健康障害が生じない

(ⅲ) **ユーザビリティ**:機械（モノ）が,そのユーザと適合しているときには,「使いやすい（ユーザビリティが良い）」という評価がなされる.

一般にユーザビリティは,次の三つの指標により評価できる[1].

---

1) JIS Z 8521 : 2020 (ISO 9241-11 : 2018)

・効果的である（effectiveness）：ミスが少ない，出来映えが良い

・効率的である（efficiency）：能率的である，短時間でできる

・満足の度合いが高い（satisfaction）：不愉快でない，イライラしない，快適である

これらの指標は独立ではなく，互いに関係している.

【例】電卓操作
ボタン操作がしにくければ，入力間違いが発生する（効果性の阻害）．そして，その間違い対応により能率よく仕事はできず（効率性の阻害），イライラしてしまう（満足度合いの阻害）．

② 人との関係

（ⅰ）**マン・マンシステム**：人間と人間が会話をする場合も，マン・マシンシステムと同様の説明ができる.

自分は相手の言葉や表情（表示）から，相手のいいたいこと，気持ちを読み取り《知覚》，自分はどうすればよいかを考え《判断》，相手に話しかけたり，合図をしたりする《操作》．すると相手はそれに応じて反応する（ストロークを与える，p.35）．その繰り返しである．このインタラクションでは，しぐさ，視線，ボディタッチ，言葉をいいよどむなどといった，さまざまな言外情報（ノンバーバルな情報）も重要な役割を果たしている.

（ⅱ）**相手との快適なインタラクション**：人間同士のインタラクションの快適さも，マン・マシンシステムと同様である.

a. 相手から提示される情報が容易に看取でき，理解できること
・相手のいっていることが聞きやすい，表情の確認がしやすい
・相手のいっていることが理解しやすい，気持ちが分かりやすい，覚えやすい

b. 自分の判断したことが容易に相手に伝えられること
・相手に自分のいいたいことをどう伝えればよいか，その言葉が選べる

COLUMN 人と人とのインタラクション

「ご近所においでの際にはぜひお立ち寄りください」という転居はがきを鵜呑みにして立ち寄ったら，相手の困惑顔に，こちらが戸惑ってしまうこともある．つまり，相手からもたらされる情報には，社交辞令，儀礼，風俗風習など文化に由来する別の意味が存在していたということである．その文化を共有していないと，気持ちの良いインタラクションは成立しないことになる.

　　　　・相手が自分の声を聴きとれる

　c.　相手と話をするときに無理な姿勢をしないでよいこと

　　　　・相手との身長差や，相手との距離は極端ではない

　d.　話しかけに対して，相手からフィードバックが迅速に与えられること

　　　　・フィードバックが与えられ，意味が分かる

　　　　・フィードバックは肯定的な雰囲気（良いストローク）である

　　　　・フィードバックが得られるまでの時間は適切である（迅速である）

　さらに，不快な体臭などがないことや，話をするときの環境，時間の制限が少ないこと，といったことも，気持ちの良いインタラクションでは求められることがある．

　③　**ロボットとの関係**：　ロボットは，お掃除ロボットのような作業用と，ヒトや動物を模してもっぱら情緒的な触れ合いを目指す情緒・愛玩用とに大別される．その両者を備えた人型ロボット（例えば，受付ロボット）の開発も進んでいる．

　ロボットと人とのインタラクションは，マン・マシンシステムと同様であるが，いくつか特有の課題がある．

　（ⅰ）　**オートメーションサプライズ**（automation surprise）：ロボットが状況を判断し，自律的に作動したときに，その作動理由を人間が理解することができず，困惑，驚愕させ，人間の不適切な操作を招いてしまうことがある．これをオートメーションサプライズという．ロボットの作動理由が容易に把握できることが求められる．

　　【例】ちょっとしたオートメーションサプライズ

　　　全自動洗濯機で毛布洗いをしたときの体験である．給水後，洗濯機がうんともすんともいわずに長時間，停止してしまった．洗濯機が故障したのかと思い，あれこれボタンを押してみたが状態は変わらない．結局，電源を切ってしまったのだが，後で取扱説明書を確認すると，つけ置き洗いの状態に入っていたことが分かった．私は「毛布はつけ置きしてから」という洗濯機の意図（搭載されたプログラム）を把握することができず，「給水後すぐに作動するものだ」という自分の理解のもとに不適切な行動を行っていたのである．

　（ⅱ）　**設計前提を超える状態での作動**：ロボットが，その設計前提を超える状況にさらされたときにどう作動するか，ということである．暴走してしまってはもちろん困るが，設計前提の限界で固着してしまっても困る．停止して人間側のヘルプを求めるというのが穏当かもしれないが，それはそれで問題が生じる場合がある．

【例】設計前提の限界での固着

　先の全自動洗濯機では，洗濯物の量に応じて給水量が自動調整される．あるとき，大量の洗濯物を入れたところ，最大水量に自動調整されて洗濯が始まった．しかし，実際には最大水量でも対応できないほどの大量の洗濯物であり，洗濯終了したものの，汚れはまったく落ちていなかった．

【例】停止して人間側のヘルプを求める

　お掃除ロボットの開発時に議論になったことである．ロボットでは判断のつかない状況になり，その場で停止してしまったとする．その停止場所がたまたまトイレの扉の前であったときには，ドアの開閉を妨げてしまい，トイレに人が閉じ込められてしまうかもしれない．しかも，ヘルプできる人が，その人しかいないときにはどうするのだろう．

（ⅲ）　**人間との類似**：人型ロボットでは，しぐさなどが豊かになるほど，より自然なインタラクションができると期待される．しかし，人間に類似性をもつほど，何か不気味さを感じるようになるといわれている．これは「不気味の谷」といわれる[2]．

　また，警備ロボットのようにロボットが人間に対して指示命令をすると，ロボットが人型であるほど指示を受けた人間が不愉快に感じ，ロボットに対する暴力が生じるのではないかといわれている．

3・2　ヒトの特性 （図3-3）

（1）　**心理的特性**　　人間の《知覚》《判断》《動作》の一連のプロセスを扱う学問が心理学である．さらに，この一連のプロセスを体験したときに湧き起こる気持ち，感情も，心理学の課題である．

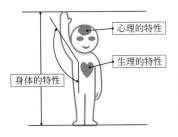

図 3-3　ヒトの特性（心理，生理，身体）
一般に，生物学的な存在をヒトといい，
文化的な側面を含むときには人間と表記
される．

2）　森　政弘：*Energy*, **7**(4), 33 (1970).

①　**知　覚**：　知覚には，「視覚」「聴覚」「皮膚感覚（俗にいう触覚）」「味覚」「嗅覚」の五つがある．これらが五感である．それぞれの知覚をつかさどる器官（目，耳，皮膚，舌，鼻）には，検出力に限界や特性がある．聴覚であれば，あまりに小さい音（閾値以下の音）は聞き取れないし，すべての周波数の音が聞き取れるわけではなく，超低周波や超高周波の音は，音のエネルギーが大きくても聞き取ることができない．

②　**判　断**：　知覚された情報をもとに，自分はどう行動すべきか，それを決めることが判断である．判断するためには，知識が必要となる．知識は記憶として自分の中にすでに蓄えられているものもあるし，周囲の人に聞く，本を調べるなど，外部に頼ることもある．知識がまったく得られないときには，お手上げ状態になる．それでも判断が迫られたときには，賭けに出るしかない．

判断にはさまざまな要素が影響を与える．

> 【例】判断に影響を与える要素
> ・その人の個人的なもの：性格（パーソナリティ），価値観
> ・そのときの状態：疲労，飽き，眠気，焦り

これらの要素があるから，同じものを見聞きしても，人により，またそのときどきにより判断が変わり，その後の行動が変わってくる．さらに，人間の判断にはさまざまな固有の特性がある．

> 【例】判断に影響を与える特性
> ・錯　視
> ・アフォーダンス
> ・認知バイアス

これらの特性は状況の正しい把握を妨げヒューマンエラーをもたらすこともあるが，逆手に取ると，こちらが望む行動へと，相手を誘導することもできる（第5章）．

③　**動　作**：　自分の判断を外界に伝えるためには，随意筋（自分の意思で動かせる筋肉）を動かす．手や足を動かす，目くばせする，声を出すなどである．

④　**感　情**：　知覚から動作までのプロセスにおいては，さまざま感情が湧き起こる．大きな音を聴けば「うるさいな！」と不快に感じ，鳥のさえずりを聴けば「きれいだな」と感じるであろう．判断に迷うときには不安に思うし，自分の思い通りにいかなければイライラする．こうした感情は，ネガティブ（不快）よりポジティブ（快）

の方が心地よい.

　何を快に感じ,何を不快に感じるか,ということは,人によらずに共通しているものだけではなく,性格（パーソナリティ）などの要素により異なることもある.また文化差もあり,例えば秋の虫の音に多くの日本人は風情を感じるが,欧米人はうるさいとしか感じないといわれている.

　(2)　生理的特性　簡単にいえば,生命維持に関わる特性である.体内の環境状態を一定に保ち,動作を可能にし,そして自分の遺伝子を後世に伝えるはたらきである.例えば,動作（筋活動）をするにはエネルギーが必要で,それを得るためには,栄養分と酸素が必要である.エネルギーを得るときには,二酸化炭素などが発生するので,それを体内から排出する必要もある.これらをつかさどるのが,消化器系,呼吸・循環器系である.

　また,体内環境が乱れると生命が脅かされる.体温がそうで,平熱からわずか数度,上がっただけでもぐったりする.このため,体内環境を自動的に調整する作用（恒常性の維持）が生体には備わっている.

　(3)　身体的特性　人体には寸法があり,また関節が曲がる範囲（可動域）や動作の速度にも限界がある.こうした形（形態）や動き（動態）は,衣料品や住宅設備など,形があるモノをつくるときには,絶対的に重要になる.

3・3　人間の行動

　(1)　欲求理論　モノゴトの利用も含め,人間が行動するのには動機（欲求,要求,モチベーション）がある.

> 【例】モノゴトの利用と動機
> ・早く,楽に目的地に着きたいから（動機）,タクシーを利用する（行動）
> ・楽しいひと時を過ごしたいから（動機）,花火大会に出向く（行動）

　つまり,動機を充足する手段として,モノゴトは利用される（ニーズとウオンツの関係（p. 15）はこのことをいっている）.もう少し詳しくいうと,私たちは動機があり,それが充足できるとの期待のもとに,モノゴトを利用する.

　動機が充足されないと,フラストレーションに陥る.目的地に早く着きたいと思い,タクシーなら大丈夫だろうと期待して利用したのに,渋滞で時間がかかったのであれば,フラストレーションである.楽しいひと時を過ごしたいと思い,花火大会な

ら楽しいだろうと期待して行ったら，演目が貧弱だったり，混雑で花火鑑賞どころで
ないのであれば，これもフラストレーションである．期待が大きければ大きいほど，
それが充足されないと大きなフラストレーションに陥ってしまう．

　動機に関する理論には多くのものがある．以下，代表的なモデルを示す．

　①　**マズローの欲求段階**：　マズロー（A.H. Maslow，1908－1970）の提案し
たモデルを図3-4に示す．欲求には低位から高位に5段階あり，人は低位の欲求が
充足されると，次の段階の欲求を求めるようになるという．

　・生理的欲求（physiological needs）：摂食・排泄・睡眠など，生命維持に関わ
　　る本能的な欲求
　・安全の欲求（safety needs）：身体の安全，健康や，経済的安定など，自分の生
　　活が脅かされないようにするための欲求
　・社会的欲求（social needs）：所属と愛の欲求（love and belonging）ともい
　　う．集団や社会の一員であるという意識，自分は必要とされている，役割がある
　　という感覚を獲得するための欲求
　・承認や尊敬の欲求（esteem）：他の人から自分の存在を認められ，尊敬されるこ
　　とを求める欲求
　・自己実現の欲求（self-actualization）　自分の理想を実現したい，自分らしく
　　ありたいという，自分の実現のための欲求

　マズローの欲求段階に基づくと，結果的に同じ行動であっても，その動機はさまざ
まであることが分かる．

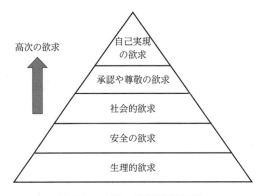

図 3-4　マズローの欲求段階モデル

【例】「食べる」という行動

生理的欲求	空腹に耐えかねて，消費期限切れであっても食べる
安全の欲求	好きではないのだが，健康に良いとされる食べ物を食べる
社会的欲求	仲の良い友達に誘われ，本当は空腹ではないのだが食事に付き合う
尊敬欲求	「すごい！」といってもらいたさに大食い選手権に出る
自己実現欲求	SDGs の実現を求め，質素な食生活をおくる

② **ハーズバーグの動機付け衛生理論**： ハーズバーグ（F. Herzberg，1923－2000）は，仕事において，それが与えられれば与えられるほどモチベーションが高まる要素（動機付け要因）と，欠落するとモチベーションを下降させるが，ある一定まで良好にすればそれ以上良好にしてもモチベーションは高まらない要素（衛生要因）の存在を示した（表3-1）．ハーズバーグの動機付け衛生理論は，参加型のコトづくりでも参考になる．

【例】オンライン対戦ゲーム
- 頑張る（動機付け要因）
  - 段位制度があり，段位が上がると表示される．
  - 新人に技を質問される．

COLUMN 自己効力感

何か自信がなく，新しいモノゴトに挑戦できないことがある．例えば，IT家電の新製品が出て，良さそうだなと思っても，自分には難しそうだから…，などと最初から敬遠してしまうようなことがそうである．打破するためには，"自分ならできる"という気持ちにさせること，すなわち自己効力感を高めることが求められる．

自己効力感は，次により高められるといわれている．
- 達成経験（自分自身が何かを達成した，成功したという経験）
- 代理経験（自分と同じような他の人の達成，成功を観察した経験）
- 言語的説得（あなたは能力があるからできる，と言葉で説明され，励まされる）
- 生理的情緒的高揚（気分が高揚している状態にある）
- 想像的体験（自分や他者の成功を想像する）

また，取り組んだことについて，「頑張ったね！」「やったね！」などと他の人から認められる（承認されること）も，その後のチャレンジに重要である．

新製品であれば，アップテンポの音楽が流れる店頭で（生理的情緒的高揚），自分と同じような人が使っているのを見（代理経験），店員におだてられ（言語的説得），自分も使っていることをイメージする（想像的体験）などということがあれば，ちょっと試してみるということにつながり，そこで曲がりなりにも成功して店員に褒めてもらえると（達成経験），購買につながるかもしれない．

表 3-1　ハーズバーグの動機付け衛生理論

動機づけ要因（motivators）	衛生要因（hygiene factors）
・達成感 ・承認，仕事に対する褒めや労い ・仕事そのものの意味や価値 ・責任感，使命感 ・昇進，自分の成長　など	・明確でぶれない組織の方針 ・適切な監督・指導 ・仕事上の人間関係 ・作業環境 ・身分や職制，処遇 ・給与，報酬　など

　　　・他人にはまねのできない新しい技を自分なりに見いだし，身につける.
　　• やる気が下がる（衛生要因）
　　　・ゲーム画面が雑である.
　　　・ゲームの通信環境が悪い.
　　　・オンライン対戦相手との人間関係が悪い.

③　**期待理論**：　ブルーム（V.H. Vroom, 1932−）が提唱しその後，ポーター（L.W. Porter, 1930−2015）とローラー（E.E. Lawler, Ⅲ, 1938−）により体系化された仕事に対する動機付けのモデルである．端的にいうと，行動をした結果として得られる報酬の魅力が大きく，努力すればその報酬が得られると見込まれる（期待できる）ほど，人は大きな努力のもとにその行動に取り組むとされる.

　　【例】夢の国の遊園地に急ぐ
　　・「タクシーを利用すれば早く到着できる」ということが見込まれ（期待され），「早く到着できれば，人気のアトラクションに並ばずにすむ」という魅力（報酬）が見込まれると，お金がかかってもタクシーを利用するモチベーションは高まる.
　　・「タクシーを利用しても早く到着できる」ということが見込まれない（期待されない），あるいは「早く到着できたとしても，人気のアトラクションには並ばなくてはならない」（魅力（報酬）がない）というのであれば，お金をかけてまでタクシーを利用しようというモチベーションは生じない.

　このモデルからすると，駅のタクシー乗り場で「タクシーを利用すれば夢の国の遊園地に早く着けるよ！」「早く到着できれば，人気のアトラクションに並ばずにすむよ！」という呼び声があると，それに反応してタクシーに乗り込んでしまう，ということになるかもしれない.

（2）**性　格**

①　**SOR 理論**：　花壇に咲き乱れる花を見たときに，「きれいだな」と思う人もい

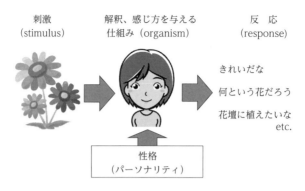

刺激
(stimulus)　　　解釈、感じ方を与える　　　　反　応
　　　　　　　仕組み（organism）　　　　（response）

きれいだな
何という花だろう
花壇に植えたいな
　　　　etc.

性格
（パーソナリティ）

図 3-5　SOR 理論

れば，「何という花だろう」と思う人もいるだろう．同じもの（刺激，stimulus：S）を見ても，人によりその後の対応（反応，response：R）はさまざまということである．それは，その刺激に対して，その人なりの解釈，感じ方を与える仕組み（organism：O）が違うからである．これを SOR 理論という（図 3-5）.

　O に対して影響を与える要素が，性格（personality：パーソナリティ）である．性格は，その人の生い立ちなどによって自然と形成されてきたものである．

　② **ビッグファイブ理論：**　性格は人によりさまざまとはいいながら，ある程度のパターンはある．それを説明したものとして，ビッグファイブ理論（Big Five personality traits）がある（表 3-2）．人の性格はこれら五つの要素の組合せであるという．

　これらに良し悪しがあるというものではなく，その場にふさわしくない極端に走ると，周囲から違和感を覚えられることになる．

表 3-2　性格：ビッグファイブ理論

神経質 neuroticism	落ち込みやすい，不安，悲哀，情緒の不安定といった傾向
外向性 extraversion	積極性，社交性，感情表現の豊かさ，自己主張といった傾向
開放性 openness	好奇心，創造的，冒険的，型破りといった傾向
協調性 agreeableness	協調的，調和的な行動，相手に対する思いやり，優しさ，自分のことは後回しといった傾向
誠実性 conscientiousness	責任感，勤勉，真面目，慎重，自律といった傾向

(3)　**加　齢**　　人間の特性は，加齢の影響を受ける.

①　**生体機能の変化:**　　筋力，体力，短時間での判断力などの生体機能（作業能力）は，生まれてから成人に向かう増加（発達）の方向と，成人から老人に向かう減衰（老化）の方向がある. 図 3-6 に筋力の例を示す. 一般に生体機能は 20〜30 歳がピークで，それ以降は緩やかに低下する. このため，20〜30 歳を前提につくられたモノゴトは，高齢者では使えないという問題が生じる. これを避けるためには，バリアフリー化をはかる必要がある.

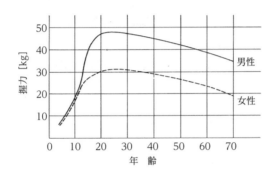

図 3-6　年齢と握力の変化
［東京都立身体適正学研究室 編：“日本人の体力標準値　第 3 版”，
不昧堂出版（1980）に基づく］

②　**子ども:**　　子どもの認知機能の発達は一律ではなく，ある時期にある機能が急速に発達する. この時期を敏感期といい，自ら刺激を求め，自分自身の発達を促す. 例えば，高いところに上りたがる，手に持ったものを穴に突っ込む，などを好む時期があり，盛んにその行動を行う. その結果，事故をもたらす場合もある（表 3-3）. しかしその行動を一律に制限すると，健全な発達の妨げにもなる.

③　**高齢者:**　　前述のように筋力などの作業能力は低下する. 一方で，経験を積むことで，知識は豊かになる. 知恵（結晶性知能）といわれることであり，その点では判断に誤りは少なくなる. 一方で，それまでの経験に基づき相応に生活ができていることや，学習能力が低下するなどのことから，新しいモノゴトへの挑戦意欲は乏しくなりがちであり，昔から慣れ親しんでいるものに固執する傾向もある. しかし「昔取った杵柄」ということもあり，若いときの経験が生かせるのであれば，新しいモノゴトに対する抵抗感も低く，スムーズに使いだせる.

表 3-3　子どもの年齢と遊び

おおむねの年齢	遊びの分類	内　容	遊びの例	事故例
3カ月～2歳	感覚運動遊び	見る，聞く，触るなどの感覚を働かせて楽しむ	おしゃぶり，ガラガラ，紙破り，太鼓	・ボタン電池などの誤食 ・炊飯器の吹き上がる蒸気をつかもうとして熱傷 ・電気ポットのケーブルを引っ張り熱傷
1～2歳	運動遊び	手足，身体を動かして楽しむ	箱から物を取り出す・入れる，モノを投げる，よじ上る，跳ぶ，スキップ，なぐり書き，滑り台，ブランコ	・ベビーベッドの柵を乗り越えての落下 ・椅子によじ登って椅子ごと転倒
1～3歳	鑑賞遊び	大人の話を見たり聞いたりして楽しむ	絵本の読み聞かせ，童謡を聞く，子ども番組を見る	・浴槽におもちゃを浮かべて遊んでいるうちに転落，溺死
2～5歳	模倣遊び	ごっこ遊び	大人のまね，動物のまね，ままごと，お手伝い	・親のまねをしてお手伝いをして事故 ・テレビの戦隊ヒーローのまねをしてタンスから飛び降りてけが
3～6歳	構成遊び	ものを組み立て，想像して遊ぶ	積み木，あやとり，粘土，砂場	
5～8歳	ルール遊び	ルールを定めて集団で遊ぶ	鬼ごっこ，かくれんぼ，すごろく，テレビゲーム	・斜めドラム式洗濯機の中に入り込み窒息 ・公園施設の高所によじ上り転落
9～12歳	競技型遊び	集団対集団で競技して遊ぶ	ドッチボール，サッカー	

[小松原明哲："エンジニアのための人間工学　改訂第6版"，pp. 135-137，日本出版サービス（2021）を加筆修正]

3・4　集　　団

①　**グループとチーム**：　人が最低2人集まると集団（グループやチーム）が生まれ，社会が形成される．社会が形成されると，秩序が必要になる．

　グループは，ある特性をもった人たちが集まった状態である．同じ趣味をもった人が集まっているツアー旅行の御一行はグループである．バス停の行列，同じ飛行機に乗り合わせた人たちもグループといえる．一方でチームは，ある特定の目的を達成しようと団結して協働活動をする人たちの集団である．例えば，サッカーチームはチームであり，グループではない．

集団にチームの色彩が濃くなるほど，関係性も濃くなり，役割も生じてくる．チームワークの喜びや楽しさもあるが，一方では，意見の対立や葛藤などの複雑な人間関係も生まれてくる．

集団がうまく挙動するためには，「仕切り役」が必要である．それがリーダーであり，ほかの人はフォロワーとなる．リーダーがその場をうまく仕切り，フォロワーもそれに従い，リーダーを支援すると，集団はうまく動く．しかしリーダー不在や，リーダーがうまくリーダシップを発揮しない，フォロワーがいうことを聞かないなどとなると，集団はバラバラになり，混乱の極みに陥ってしまう．

②　**リーダーシップ理論：**　リーダーがもつべき資質がリーダシップであり，これにはいくつかの理論がある．

PMリーダシップ論（三隅[3]）によると，リーダーには performance（P）機能と maintenance（M）機能の二つの役割があり，それらを適切に発揮することが求められるという．

P機能：集団の目的をしっかり意識し，それを達成するようにはたらきかける．

M機能：集団の雰囲気を良好にし，融和をはかる．

　【例】雑踏の整理

　　雑踏を誰も仕切らなければ混乱する．整理にあたる警備員（リーダー）が必要である．そして警備員には，秩序ある通行を実現すること（P機能）と，その場の雰囲気を和ませ，雑踏の気分を落ち着かせること（M機能）とが求められる．

　【例】家族旅行

　　家族それぞれが自分の希望をいっているだけでは，旅行には行けない．話しのまとめ役（リーダー）が必要である．しかし，まとめ役が強引に自分の希望を通してしまったら，それも楽しい家族旅行にはならない．まとめ役には，家族旅行を実現しようという気持ち（P機能）と，皆の意見を聞いて楽しい旅行へと雰囲気をつくっていく（M機能），その両方が必要になる．

③　**良いストローク：**　「言語・非言語を問わず，他者の存在を認めるすべての行為」をストローク（stroke）という．相手からポジティブなストロークを得ることにより，安心し，前向きの行動へと進むことができる．

3）　原子力安全システム研究所・社会システム研究所 編，三隅二不二 監修："リーダーシップと安全の科学"，ナカニシヤ出版（2001）.

ストロークは，いくつかの観点から分類することができる．

・肯定：笑顔，励まし，感謝など，自分が受け入れられているという気持ちをもたらすもの
・否定：批判，叱責，怒声など，自分が否定されているという気落ちをもたらすもの

・なし：返事のないこと，無視．自分の存在自体が受け入れられていないという気持ちをもたらすもの

肯定的ストロークにおいては，「好成績を上げたから褒めた」という条件付きであると，その条件を維持しようとする行動への動機にもなるが，もしその条件が成就できないと肯定的ストロークは得られなくなるとの不安がつきまとうことにもなる．

肯定的ストロークは良い人間関係を築くための基礎であり，その集団の雰囲気を良好化するものといわれている．

3・5　環境快適性

モノゴトの利用空間（環境）の快適性も私たちは求める．環境快適性は五感に心地よいと感じる状態であり，多くの要素がある（表3-4）．

快と適とは異なる．

「**快**」：それまでとは異なる状態に触れることで感じるもの．最初は新鮮で快である

COLUMN　モノゴトからのストローク

　モノゴトを利用したとき，そのモノゴトから良いストロークが得られると次からの励みにもなる．ここでいうストロークとは，利用中の面白さや，結果（アウトカム）の出来栄えといった，活動に対するフィードバックや報酬のことである．モノゴト利用が面倒であるときほど，良いフィードバックは達成感，自己効力感にもつながり，モノゴト利用へのモチベーションを高められ，良い時間消費（第12章）につなげられる．

【例】床の雑巾がけ洗剤

　「洗剤から良い香りがする」「床がみるみるきれいになる」「かけ終わった後には，素足に気持ちのよい床になっている」という実感が得られる洗剤と，そうではない洗剤とでは，どちらの方が雑巾がけへのモチベーションを高めてくれるだろうか？

表 3-4 快適性に影響を与える要素の例

	生理的要素	心理的要素	身体的要素
視 覚	照度，輝度（まぶしさ）	色彩，装飾，植栽，景観	空間的広さ，天井の高さ
聴 覚	騒音	葉擦れ音，環境音楽	
触 覚	温湿度，振動，凹凸	肌触り，ぬくもり	
味 覚	苦味	美味	
嗅 覚	悪臭	芳香	

が，やがては当たり前になり，飽きてしまうもの．料亭のグルメも毎日食べていると，別に何も感動しなくなり，お茶漬けに快を感じるようになるといったことである．心理的要素に多くみられる．

「適」：適度な状態があり，その状態の維持が求められる．適温のように，適当な幅

COLUMN　理想郷の分析

仏法や昔ばなしに語られる理想郷は，快適について示唆深いものがある．

「仏説阿弥陀経」での極楽の説明

極楽を次のように説明しているという．

・西方十万億土を過ぎた彼方に立地して広々としている．

・地上のみならず地下も空も荘厳であり，妙を極め，池や楼閣などの建物も樹木も，金銀珠玉により装飾されているが，華美ではなく清浄であり，輝いている．

・衣服や食事は意のままに得ることができる．

・寒からず暑からず，きれいな音が耳に心地よく聞こえてくる．

・一切の苦はなく，ただ楽のみが極めてあるが（極楽）が，その楽は，欲望や肉体的な充足の「楽」ではなく，仏法に触れ思索できる精神的な「楽」である．

家電製品や住宅設備機器は，極楽を実現しようとしているともいえる．例えば，

・清浄な空気〈空気清浄機〉

・美味しい食事〈電子レンジ〉

・寒からず暑からず〈エアコン〉

・きれいな音楽〈音楽プレーヤ〉

極楽の立地と，そこでの楽しみ，いうことでは，地方での好きな仕事のテレワークを暗示しているといえるかもしれない．

浦島太郎

浦島太郎は，助けた亀に連れられて竜宮城を訪れ，楽しい日々を過ごしたとされる．童謡によると，「絵にもかけない美しさ」「乙姫（異性）の存在」「御馳走」「踊り子による舞踊」などがあり，「月日のたつのも夢のうち」と時間経過を忘れるほど饗宴を楽しんだことがうかがえる．現代でいえば，お茶屋さんでのお座敷遊び，ナイトクラブやホストクラブと同じといえようか．しかしこれらはすべて快要素であり，浦島太郎もやがては飽きて我に返り，玉手箱とともに故郷に帰還したのであろう．

がある場合や，悪臭はないに越したことはないというように無存在が求められる場合
がある．生理的要素に多くみられる．

3・6　集団と決まりごと

　公的空間においてのモノゴト利用においては，集団の決まりごと（決めごと）の存
在を無視することはできない．決まりごとを守らないと，集団から非難，拒絶される
場合もある．決まりごとは，みんな（みんなの代表者）で決めて明文化されたルール
と，なんとなくそういうことになっているというヴァナキュラー（vernacular）と
に分けて考えることができる．

　（1）　**ルール**　　その集団の秩序を保つために決められた制度であり，本人の意思
にはかかわらずに強制される．しかし，不都合が生じた場合には話し合いにより改正
することができる．

> 【例】家族のルール
> 　犬の散歩は△ちゃんが学校に行く前にやるなど，子どもの小さいときには，家事の
> 一部をルールとして決め，担わせることが多い.

> 【例】地域のルール
> 　生ゴミの回収は，火曜と金曜．朝9時までに出すこと．通学路は朝8時から9時
> までは車両乗り入れ禁止であること.

> 【例】組織（会社）のルール
> 　朝は9時までに出勤し，タイムカードを押すこと．有給休暇は前日までに申請する
> こと.

> 【例】社会のルール
> 　法令がそうである．例えば，自動車運転者は，右左折するときには，右左折する地
> 点の30m手前からウィンカーにより合図をし，右左折が終わるまで合図を継続する
> こと（道路交通法第53条第1項（合図））.

　（2）　**ヴァナキュラー**　　ある集団の生活において，そういうものだ，というよう
な固有の生活様式を，民俗学ではヴァナキュラーという[4]．風俗，風習，習慣などで
あり，俗にそういうことになっているだけであるが，実生活に大きな影響を及ぼして

4）　島村恭則：“みんなの民俗学　ヴァナキュラーってなんだ？”平凡社（2020）.

いる．必ずしも合理性があるとはいえず，由来もさまざまであり，ルールと違って明文化されていないことが多い．それに従わなくても構わないのだが，従わないと居心地が悪く，従っていない人を見ると強い違和感を覚える．また他の集団から移動してくると，その集団のヴァナキュラーにびっくりするようなこともある．

【例】家族のヴァナキュラー

　日曜日には家族で買い物に行き外食する．お風呂は母親から入る．大みそかにはお墓参りをする．出勤前には仏壇で手を合わせる．寝る前にはおやすみなさい，と家族にいう．

【例】その組織のヴァナキュラー

　職場の忘年会がある．新人は課長より早く出勤する．毎朝，社歌を歌う．事務所に神棚があり，月初めには全員で商売繁盛祈願をする．

【例】その地域のヴァナキュラー

　清掃車がゴミを回収した後には，ご近所の専業主婦が掃除する．田植えが終わり稲が根付いたころに「虫おくり」を行い，町会の子どもは参加するが，異なる町会の虫おくりにまではいかない．芋煮会がある．任意加入ということだが町内会があり，回覧板が回ってくるので，読んだらすぐに押印して隣家のポストに入れていく．

【例】その社会のヴァナキュラー

　右折をしようとする対向車を先に行かせる場合には，パッシングをする．

【例】その民族のヴァナキュラー

　けがをしたときには「ちちんぷいぷい，痛いの痛いの飛んでいけー」とおまじないをする．葬列に出会ったときには親指を隠す．結婚式を行い，さらに友人をよんで飲食を伴う披露宴を行う．結婚式では新郎新婦の父親はモーニングコートを着用する．披露宴に和装で参加する場合，未婚女性は振袖，既婚女性は留袖を着る．お盆や彼岸には墓参りをする．お宮参りや七五三のお祝い，厄払いを行う．吉日に紅白の幔幕を張り地鎮祭を行う．

　自分の獲得しているヴァナキュラーは他所でも通用するとは限らない．パッシングを海外で行ったらひどい目に会うかもしれない．

　ヴァナキュラーは固定的なものではない．家族のヴァナキュラーであれば，子どもの成長とともに消滅することもある．組織，地域，社会，民族のヴァナキュラーも，時代とともに変容，消滅し，またその時代の新たなヴァナキュラーが生まれてくることもある．

【例】変容・消滅したヴァナキュラー

昭和 40 年代ごろまでは，妻（専業主婦）が，夫の上司宅にお中元，お歳暮を自ら届けに行くことは一つのヴァナキュラーであり，内助の功であった．それが百貨店からの直送に変容し，さらには社員同士の贈答を禁止する会社が増え，今や，お中元，お歳暮というヴァナキュラー自体が廃れつつある．

【例】新たに生まれたヴァナキュラー

節分のときに太巻きずしを食べることは，江戸時代から，大阪の限られた地区でなされていたヴァナキュラーであったといわれるが，1989 年に，あるコンビニエンスストアチェーンが「恵方巻き」と称して広島で売り出したのが発端で，全国的なヴァナキュラーとなったといわれる．しかし，2019 年頃から大量の売れ残り（食品ロス）が問題になり，またコンビニが流行らせたということが知られるようになったことなどもあり，以前と同じヴァナキュラーであり続けるかどうかは分からないとされる．

(3) **文 化**　文化は，その社会や組織の構成員が，それが当たり前のこととして共有している考え方であり，ルールや行動形式（ヴァナキュラー）の根底に存在する．

【例】地域の文化

大都市のマンションでは，匿名が文化になっている．隣人に会っても挨拶しないことが当たり前ですらある．引っ越したときに両隣に挨拶に行くと嫌な顔をされることもある．一方，地方の住宅地では実名性と共同が文化である．引っ越したときに両隣はもちろん，町会の顔役のところにまで挨拶に行かないと，その後の暮らしに何かと支障が生じる．

COLUMN　ピクトグラム

民族や国家は，その長い歴史の中でそれぞれの文化を育んできた．そしてその過程の中で，それぞれのヴァナキュラーができ，そしてその象徴も生まれてきた．形や色など，同じ物理的な性状であっても，そこに多くの意味が託されていることもある．そこに深く理解を巡らせ，それを尊重しないと国際問題にもなりかねない．

・×は，日本ではダメを示すが，キリスト教国では OK を記すときのチェックマークになる．またイスラム圏においては，十字は忌避される (p. 2)．

・卍（まんじ）は，日本では寺院を表す文字であるが，ナチスの鉤十字（実際には逆向き）を連想させる．

・二つの正三角形を逆に重ねた六芒星（ヘキサグラム）はダビデの星と呼ばれ，ユダヤ教（ユダヤ民族）を象徴する尊重すべき形状である．

【例】葬　送

　世界にはさまざまな葬送のヴァナキュラーがある．その根底には，死後の世界に対する考え方の違いがある．それを理解したうえでその地で振る舞わないと，強い嫌悪，拒絶に合うこともある．

演
習
問
題

1. 「食事をする」「掃除をする」などの身近な行動について，インタラクションの観点から考察せよ．

2. 身近な道具や家電製品などの使用状態を，マン・マシンシステムのモデルに基づき検討せよ．またユーザビリティについて評価してみよ．

3. 自分の 1 日の行動を記録し，マズローの欲求段階モデルに基づいてその動機を考察せよ．

4. 自分の住まいの環境快適性について，「適」「快」の観点から考察せよ．

5. ある集団を取り上げ，そこにおけるルールとヴァナキュラーを調べてみよ．

4

便利なモノづくり

　モノやコトに，生活に役立つ役割（機能）がなければ，無用の長物になってしまう．そして，それが簡便，容易に利用できれば便利だが，そうでなければ不便であり，利用されずに無用の長物になる．便利とは，生活目的を果たすのに都合がよいこと，手間がかからないことといえる．本章では，「便利さ」ということについて考えてみよう．

4・1　便利なモノとは？

　私たちの身の回りにはさまざまなモノゴトがある．それがもしなくなったら？　と考えてみよう．それがなくなったら「不便だなあ」と思うのであれば，そのモノゴトは私たちの生活に「便利さ」を提供しているのである．おそらくモノゴトというものはそれが提案された当時には，「これは便利！」と，ある種の感動とともに評価されたに違いない．

【例】
- リンスインシャンプー：シャンプーとリンスを一度にすますことができるので，洗う手間（時間）が半分であり，節水にもつながる．
- テレビのリモコン：テレビに近寄ることなく，離れた場所から，チャンネル選びや音量調節ができる．
- クレジットカード：多額の現金を持ち歩かずにすむ，持ち合わせを気にすることなく，高級レストランで食事ができる．

4・2　便利なモノゴトを提案していくアプローチ

便利なモノゴトを提案するためのアプローチを検討しよう．

① すでに存在しているモノゴトを改善する

製品やサービスの提供する機能それ自体は悪くはないのだが，使いにくい部分を見つけ出し，それを解決する．

（1）利用のコンテクストの再確認　既存のモノゴトの利用の前提（利用状況（第 13 章））が，現実の利用状況と食い違いのあるときに，私たちは「使い勝手が悪い」「不便だ」と感じる．利用者の求める利用状況を調査し，それに適するように改善をはかる．

① **利用の前提を広げる：**　そのモノゴトを利用できる範囲を広げる．

> **【例】携帯電話**
>
> 街頭などうるさいところでもクリアな音声で通話ができる．山奥でも通話ができる．世界中でその携帯電話が使える．

② **利用前提を時代にキャッチアップさせる：**　かつては受け入れられていたモノゴトも，時代とともに利用の前提が変わってきているために，不便になっていること

COLUMN　新しいモノゴトを提案する

時代は新しいモノゴトを求めている．「なるほど！　そういうサービスを消費者は求めていたのか！」というようなものが提案できれば，ヒット商品になる．ただし，まったく新しいといっても，類似の製品やサービスはすでに存在していたり，何らかのヒントはあるのだが，それに気づかずに見過ごしていたということが多い．

例えば「コインランドリー」がそうかもしれない．洗濯はしたいが，一人暮らしで洗濯機はない．あっても夜に洗濯機を回すと，うるさいと文句をいわれる．だから手でそっと洗うしか仕方がないと諦めていた市場に対して，「洗濯の場所と機械を貸す」というサービスで対応したわけである．

ただ，こうしたニーズをすくいあげ，新たなモノゴトに仕立て上げるのは容易ではない．生活者自身も，世の中そういうものだ，と思っていれば，インタビューやアンケートをしてもなかなかニーズが出てこない．また仮に誰かが「お金を払うから洗濯をさせてくれればよいのに」と思ったとしても，そうした声を受け止める会社がなければ実現しない．法令が追い付いていないので，それが足かせとなって先に進まないということもある．だが諦めてはいけない．生活者はこうした新しいモノゴトを求めているのである．

がある．想定してきた利用の前提を改め，そのもとで利用できるように改善する．

【例】野菜の小型化[1]

　家族規模が大きいときには，大型野菜は割安感もあり好まれていた．しかし家族規模が小さくなり，住まいも小型化傾向にある．そのため大型野菜はいかに安くとも敬遠される．そこで店頭ではカット販売がなされ（コトづくり），さらには，品種改良により野菜自体の小型化がなされている（モノづくり）．

（2）**利用プロセスからの評価**　　私たちがモノゴトを利用するのは，その機能を利用したいからである．しかし，モノゴトを利用するときには，「準備」や「後始末」が生じる．そして，準備と後始末はほとんどの場合面倒くさい．早く利用したいから準備は煩わしいし，利用後に後始末をするのも楽しいものではない．そこで，準備と後始末に対して改善を行う．

【例】洗　濯
  ・準　備：洗濯機で洗濯するには，衣類をより分け，洗剤や柔軟剤を適量，投入しなければならない．
  ・後始末：洗濯後には洗濯物を干し，また槽内を清掃しなくてはならない．

【例】味噌汁づくり
  ・準　備：具材，出汁，味噌，水，そして鍋や椀を準備しなくてはならない．
  ・後始末：食べ終わった後には，鍋や椀を洗わなくてはならない．

《改善 ①》　**準備と後始末の手間を排除する：**　　手間いらずにする．

【例】洗　濯
  ・準　備：衣類（繊維）によらずに洗濯できる洗剤．洗剤や柔軟剤は適量が自動注入される洗濯機．
  ・後始末：洗濯物が洗濯槽の中で乾燥される洗濯機．槽内が自動清掃される洗濯機．

【例】味噌汁づくり
  ・準　備：具材，出汁，味噌をすべて容器に入れておき，お湯のみ注げばよいようにするカップ味噌汁．
  ・後始末：食べ終わった後には，そのまま捨てられるカップ味噌汁．

1）　タキイ種苗（株）：人間生活工学，**22**(2)，53（2021）．

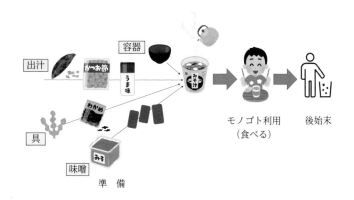

モノゴト利用　後始末
（食べる）

出汁　容器　具　味噌　準備

《改善②》　準備と後始末を目的化する：　準備と後始末に積極的な役割，楽しみや達成感を与える．準備や後始末はなされるので不便さは残るが，別の魅力を与えることで，準備や後始末へのモチベーションを高める．

COLUMN　異業種との戦い

　会社は異業種と戦っていることもある．例えば食器洗浄機は便利であるが，手洗いがとても楽しくなる洗剤が出現すると，食器洗浄機は負けるかもしれない．つまり，家電メーカーは洗剤メーカーと戦っているのである．しかし，使い捨て食器が普及すると，両者は完敗となる．

【例】食器洗い洗剤

　食器洗い中の香り，洗いあがったときの食器の輝き，手荒れを予防する保湿成分の配合などにより，食器洗い作業自体の魅力を増し，それにより満足感を与える．

② 「モノゴト」の本質を探ることでの突然変異

　生活者が求めるのは，モノゴトの提供する機能である．その機能を見つめ，別の技術で実現する．これはモノの「突然変異」につながる．

（1）突然変異　ウオンツとニーズの関係にみられたように，モノゴトは，それ自体が重要なのではなく，その提供する機能が重要である．そして生活におけるニーズの多くは時代が変わっても変わらない．その実現手段が，技術進歩により変わってきただけなのである．しかしモノゴトは往々にして遺伝する．最初の姿を維持したまま，その性能向上などの改善がはかられる．だがその姿は，多くは当時の技術的制約からくるものであり，今の技術をもってすれば，まったく別の姿のモノゴトを提供できるかもしれない．つまり，ニーズを明らかとし，それと現代のシーズ（技術）と掛け合わせることで，突然変異を考えていく．

【例】たらいと洗濯板

　電気洗濯機が出現する以前は，たらいと洗濯板での洗濯が当たり前であった．それが当時の最先端技術だったのである．そのもとに，繊維を傷めず，丈夫で長持ち，取り回ししやすいというように，洗濯板の改善がなされていたことであろう《遺伝》．

　しかし，そこにモーターという新技術が登場する．往復運動はモーターが得意とするところであり，それを生かした電気洗濯機が出現する《突然変異》．最初は高価な割には汚れ落ちも悪く見向きもされなかったかもしれないが，さまざまな改善がなされて《遺伝》，洗濯板を駆逐した．

　さらに，紙おむつ，ペーパータオルのような使い捨ての衣料品が登場する《突然変異》．日用衣料でそれが当たり前になると，ただでさえ場所ふさぎで，洗濯以外に使い道もない電気洗濯機は，家庭から駆逐される．やむを得ず洗濯がなされる場合には，コインランドリーやクリーニング店に任される．

　つまり，生活者が求めているのは，清潔な衣料を身につけたいというニーズであり，その洗濯の本質（ニーズ）は今も昔も変わらない．その実現手段が変わってきているだけ．洗濯板や洗濯機，クリーニング店や使い捨て衣料品はその実現手段でしかないのである．ただし，今の姿も確立したものではなく，新たなシーズにより，さらなる突然変異があり得る．

(2) どのように考えていくか？

　① **目的展開：**　あるモノやコトがあるときに，「その役割は？」「その目的は？」「それはなぜあるの？」「なぜそれをやるの？」などと問いながら，そのモノゴトの果たしている機能を明らかにしていく．これを機能展開（目的展開）という[2,3]．展開された機能

> **COLUMN　モノをコトで実現する**
>
> 　洗濯板と洗濯機，そして使い捨て衣類の話しでいうと，ニーズを，モノではなくコトにより実現する可能性にも気づく．クリーニング屋さんに外注してしまうということがそうで，ニーズをコト（サービス）で実現している．つまり，モノが実現するニーズを分析することは，コト提案にもつながっていく．

はニーズである．そのニーズをシーズと掛け合わせることで，新たなモノゴト（代替

2） G. Nadler："Work Design", Richard D. Irwin（1963）（村松林太郎 ら 訳："ワークデザイン"，建帛社（1966））．
3） 黒須誠治：早稲田国際経営研究, No. 43, 1（2012）．

策）を提案していく.

【例】橋

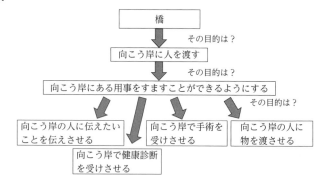

　上図に示されるように，橋は人やモノを対岸に渡すことがその役割（生活者ニーズ）であり，さらに人やモノを対岸に渡すということにも，その役割があることが分かる.
　・「伝えたいこと」「健康状態」については情報であるから，通信技術を使って伝えることができれば，人が橋を使って対岸に行く必要はなくなる（代替策）.
　・向こう岸での「手術」については，肉体が必要であるから，移動（物流）が必要になる．これは向こう岸の人に渡す物も同様である．しかし，橋である必要は必ずもなく，船，ヘリコプター，ドローンなど，物を運ぶ別の手段であってもよい（代替策）．さらに医療機関や，その物を必要とする人を向こう岸からこちらに移設すれば（代替策），橋はその存在意義を失うことになる.

②　**立体的な目的展開**：　モノを扱うコトについては，モノとコトとをそれぞれ注目することで，機能がより立体的に見えてくる.

【例】食器を手で洗う
・食器（モノ）に注目

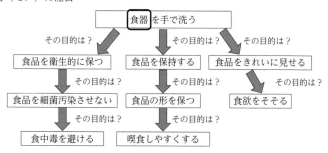

食器は食品を衛生的かつ，食品の形を保つという保持の役割と，食欲をそそるようにきれいに見せるという感性的な役割があることが分かる．

・手で洗う（コト）に注目

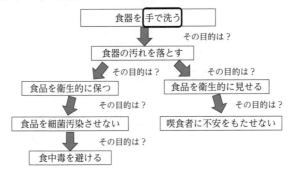

食器を洗うのは汚れを落とすためであり，それは食品を衛生的に保つという機能的な役割と，衛生的に見せるという感性的な役割とがあることが分かる．

・代替策の提案

汚れを落とす，という役割に注目すれば，汚れた食器がきれいになればよいのであるから，手洗いである必要もなく，食器洗浄機でもよいし，除菌スプレーを吹きかけてティッシュでぬぐってもよいことになる．

食品を衛生的な状態に保つ，という役割に注目すると，食品が衛生的な状態に保たれていればよいので，食器を使う必要はなく，"容器入り食品から直接食べる""食器にラップをかけて使う""使い捨ての紙皿を使う"などでもよいことになる．

なお，モノやコトの機能は一つとは限らない．そこで，その代替策が充足できない機能はないか，あったとしたら，それは充足できなくとも差し支えないかを評価しなくてはならない．食器の例でいえば，食品衛生というニーズを満たすために"容器入り食品から直接食べる"ことにすると，"食品を食欲をそそるようにきれいに見せる"という食器の果たしていた機能（ニーズ）が充足できなくなる．

③ 「と」分析： 代替策は新たな機能，つまり，今まで充足できなかった別のニーズを満たせる可能性もある．

【例】

食器を使わず，容器入り食品から直接食べるようにすれば，持ち運びが容易だし，歩きながら食べることが容易にできる．つまり，食器からは得られなかったニーズが

充足できるようになる.

こうした代替策がもたらす新たな便益（充足できるニーズ）は，「(する) と (どうなる)？」という，「と？」という問いかけを行う「"と"分析」で明らかにすることができる[4].

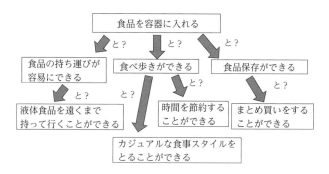

③ 今まで世の中にない，新しい役割を与えていく

モノゴトで使われているシーズ（遺伝子）を別のモノゴトへと転換していくことで，意外な展開がはかられる.

【例】洗濯板
  洗濯板表面の凹凸は，柔らかいモノ（衣類）を押し付けたときに，しっかりグリップすることができる. これはシーズであり，その遺伝子が展開されているモノの一つとして，坂道の舗装の滑り止め（路面凹凸）があげられる.

4・3 便利なモノゴトを提案していくための経験則

便利なモノゴトを提案していくための着眼点，経験則がある.

（1）「面倒くさいもの」をなくす　　生活の中で「面倒くさい」と思うことは不便の現れであり，改善すべき着眼点である.

【例】いろいろなものを持ち歩くのは「面倒くさい」
  定期券，サイフ，鍵，携帯電話…，を持ち歩くのは面倒くさい. 忘れ物も生じる.

4） 藤井日和, 渡辺治雄, 魚谷 修, 小松原明哲：人間生活工学, 4(2), 51 (2003).

しかしよく考えてみると（目的展開をしてみると），定期券，サイフ，鍵，携帯電話，それ自体が重要なのではなく，その証明内容，価値，意味，つまり情報が重要であることに気づく．そうであれば，それらの情報をすべてスマートフォンに一括搭載してしまえばよい．ポケットが膨れることもなく持ち運びができ，便利である．

【例】わざわざ出向くのは「面倒くさい」

テレビの音量調節のために立ち上がってテレビに近づくのは面倒くさい．相手とのちょっとした話しをすませるのに，わざわざ出向くのは面倒くさい．これらの行為の本質をよく考えてみれば，情報を伝える，交換する，ということである．そうであれば，その情報を伝えることができさえすればよいのだから，自分の身体を運ぶことなく，リモコンや電話ですませてしまえばよい．そのほうが手軽で便利である．

【例】いろいろ準備するのは「面倒くさい」

味噌汁を飲むのに，出汁，具，味噌，そして椀を準備するのは面倒くさい．そうであれば，容器（お椀）の中に，出汁，具，味噌をセットしておき，お湯を注げば味噌汁が飲めるように，インスタント化すれば便利である（p. 45）．

（2）**英語の接頭語の視点**　　英語の接頭語の中には，人間の願望が埋め込まれているものがある．それらは，日常生活においての不便さを見出す着眼点になる．

【例】接頭語 tele

tele は，遠くのものを近くにするという意味である．五感との関係でいうと，聴覚の telephone（電話），視覚の television（テレビ）は実用化されており，触覚 tele-vibrator，嗅覚 telesmell，味覚 teletaste も開発されてきている．これら五感の装置がすべてそろい，さらに表情解析や AI（人工知能）技術により telepathy（テレパシー）が実現すれば，より完成度の高い telecommunication（遠隔通信），tele-medicine（遠隔治療），telework（在宅勤務）が実現するであろう．

【例】接頭語 micro

小さいものを大きくする，大きなものを小さくする，という意味である．前者には microscope（顕微鏡），microphone（マイク）が実用化されている．後者には mi-crobus（小型バス），microcomputer（マイクロコンピュータ），microfilm（マイクロフィルム）がある．

世の中で，遠くにあって利用ができないことは，情報技術により手もとに持ってくればよく，小さすぎ，または大きすぎで取扱いがしにくいものは，サイズを変換すると便利ということである．

表 4-1 オズボーンの発想チェックリスト

1. 転用（Put to other uses） ・他の用途，別の場面に使えないか？	2. 応用（Adapt） ・他の要素やアイデアが借りられないか？ ・過去に似たものはないか？ ・機能を変更，応用することができないか？	3. 変更（Modify） ・形状や角度，属性（色，音，匂い，意味，動き…）を変えてみたらどうか？
4. 拡大（Magnify） ・より大きく，長く，強く，高く，高頻度に，また何かを追加してみたらどうか？	5. 縮小（Minify） ・何かを除去してはどうか？ ・小さく，下に，短く，軽く，省略，分割してはどうか？	6. 代用（Substitute） ・要素，素材，プロセス，場所，アプローチ，人などを他のもので代用できないか？
7. 再構成（Rearrange） ・要素，パターンや順序，レイアウト，スケジュールの入替え，変更をしてみたら？ ・原因と結果を入替えてみてはどうか？	8. 逆転（Reverse） ・前後・上下・裏表・＋／－を逆にしてみたらどうか？ ・反転，着せ替えてはどうか？	9. 結合（Combine） ・他のモノ，目的，アイデアや機能を組み合わせ／統合／融合してみてはどうか？

　（3）　**発想チェックリスト**　　便利なモノを発想していくときの発想法にはさまざまなものがある[5]．なかでも発想の着眼点（発想チェックリスト）として，次が有名である．

　①　**オズボーンの発想チェックリスト：**　マーケティングの実務者であるオズボーン（A.F. Osborn，1888-1966）が提案した新製品発想のためのチェックリストである．表 4-1 に示す 9 個のキーワードを使って，対象としているモノの付加価値向上や転用などの展開を考えていく．

　【例】組み合わせ（結合）
　　　鉛筆と消しゴムは共存しており，特に消しゴムは鉛筆に寄生した（鉛筆抜きでは存在できない）存在である．そうであれば，消しゴムを宿主である鉛筆にくっつけてしまえば便利である．

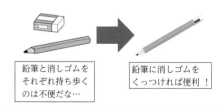

鉛筆と消しゴムをそれぞれ持ち歩くのは不便だな…

鉛筆に消しゴムをくっつければ便利！

関連して使用するものはセットにすると「便利」になる

5）　アイデア発現法についての図書は多くのものがあり参考になる．例えば，矢野経済研究所未来企画室：“アイデア発現法 16－どんなとき，どの方法を使うか”CCC メディアハウス（2018）．

表 4-2 TRIZ：アルトシュラーによる 40 の発明原理

1. 分割（セグメンテーション）：互いに独立した複数部分に分ける	21. 高速実行：有害や危険作業をあえて高速で行う
2. 分離・抽出：必要な特性だけ取り出す	22. 災い転じて福となす：ある有害に別の有害で有害を相殺する
3. 局所的性質：物体の異質な部品に異質な機能を実施させる	23. フィードバック：フィードバック機能を導入する
4. 非対象：対称形の物体を非対称の物体に置き換える	24. 仲　介：作用の移転や実行のために媒体物体を活用する
5. 組合せ：同質的な複数の物体などを空間で組み合わせる	25. セルフサービス：対象物にサービス自体を実施させる
6. 汎用性：対象物に多機能を遂行させて必要な他の物体を除去する	26. 複　製：高価で壊れやすく操作性の悪い物体の代わりに単純な複製を行う
7. 入れ子構造：ある物体を別の物体の空洞の中に置いてみる	27. 高価な長寿命より安価な短寿命：高価な対象を安価な集合体で置き換える
8. 釣り合い：対象物の重量を浮力のある別物体に結合させて重量を相殺させる	28. 機械システムの代替：機械式から別の方式に置き換える
9. 先取り反作用：ある作用の実効のため事前に反作用を考える	29. 空気圧と水圧の利用：固体部品を気体や液体に置き換える
10. 作　用：事前に対象物の全部か部分に要求されるアクションを実行する	30. 柔軟な殻や薄膜利用：従来構造を柔軟な薄膜やフィルムに置き換える
11. 事前保護：事前対策を講じて対象物の低い信頼性を補償する	31. 多孔質材料：物体を多孔性にしたり，多孔性要素を加える
12. 等位性：物体の上げ下げが不要なように作業状態を変更する	32. 変色（色の変化）：対象物やその周辺の色を変える
13. 逆発想：仕様で指示された作用とは反対の作用を実施する	33. 均質性：主要物体と相互作用する物体を同質材料でつくる
14. 曲　面：ローラ，ボール，らせんを利用する	34. 除去再生：機能終了後にその要素の放棄または変更させる
15. 柔軟性：物体を不動的なものから動的・可変的なものにする	35. パラメータ変更：物体の状態の集積度・温度を変える
16. 過小・過剰作用：要求作用を 100 ％得るのが難しい場合，問題を大幅に単純化していくぶん多いか少なめで達成できるようにする	36. 相転移：対象物の相変化中に作成される作用を利用する
17. 別次元への移行：対象物を単層から多層の組合せにする	37. 熱膨張：熱による膨張または収縮する物質を利用する
18. 機械的振動：物体を振動させる．振動を超音波に増加させる	38. 加速酸化：通常空気を濃縮空気に置き換える
19. 周期的作用：継続的作用を周期的作用に置き換える	39. 不活性環境：通常環境を不活性な環境に置き換える
20. 有益作用継続：アイドリングや中間動作を排除する	40. 複合材料：均質な材料を複合材料に置き換える

［澤口　学：標準化と品質管理, 66(2), 10 (2013)］

② **TRIZ（トゥリーズ）：** TRIZ はтеория решения изобретательских задач (theory of the resolution of invention-related tasks, 革新的問題解決の理論) の略であり，旧ソ連の特許審査官であったアルトシューラー(G. Altshuller,

1926-1988）が，さまざまな領域の特許審査の経験をもとに，問題解決の視点を「発明原理」と呼ばれる発想支援手法に体系化したものである．表 4-2 に示す 40 の原理にまとめられている．

【例】分ける（分割）

　一つであると扱いにくいものは，分割する．廃棄時に素材ごとにバラしやすく設計することがその例であり，廃棄業者のニーズにこたえることができる．

（4）　単品を連結する　　生活の中に，ある定型の行為列のパターン（一種のスクリプト（p. 66））がある場合，最初の行為がなされると，それに引き続く行為は，自動的になされるようにする．ただし，「余計なことをするな！」という場合もあるので，手動解除ができるようにしておかなくてはならない．

【例】コンロと換気扇の連動

　キッチンのコンロを点火すると，自動的に換気扇が作動する．

【例】トイレの天井灯

　トイレのドアを開けると天井灯が自動で点灯し，退室すると自動で消灯する．

【例】無人スーパー

　商品棚から商品を取りかごに入れたことを購買とみなし，商品をかごに入れたことを自動認識することで，レジを通過することなく課金される．

COLUMN　IoT がもたらす生活の便利

　IoT（internet of things）が進むにつれて，多くのものが連動し，便利さを提供してくれるに違いない．例えば，「持っていけ傘」というのはどうだろう．私たちは出勤前に，天気予報をテレビや新聞で確認し，傘を持っていくかどうかを判断する．時にそれを怠り，通勤途上や出先で雨に降られてしまうこともある．しかし，傘あるいは傘立てが，気象サイトと自分の電子スケジュール帳と連動し，出先で雨が予想される場合には，玄関先で傘が「持っていけ！」と騒げば，持ち忘れることもない．朝の忙しいときに天気予報を確認する手間も省ける．半分ジョークのようだが，家族が「傘は持った！？」と声掛けしてくれるのと同じである．商品化できるかは別にしても，こうしたアイデアをふざけながら真面目に考えていくことはとても重要だと思う．

4·4　生活におけるモノゴトのモデル

生活におけるモノゴトの位置づけを考えるモデルがある.

（1）**用のモデル**　　モノは使われるほどに，実用から愛用になる. しかし，やがては不用になり，そして無用となるが，その機能，性能が重宝され，別の目的に転用，廃物利用される場合もある[6].

> 【例】転　用
> ・発泡スチロールの大型容器は，無用となってもプランターとして転用される.
> ・青春時代に愛用した古い携帯電話は，思い出が凝縮されている気がして捨てられない人も多い. 不用になったが，昔日を振り返るアイテムに転用されているといえる.

発泡スチロールの大型容器がプランター
として転用されている例

屋外にあり共用，借用されているモノのうち，楽しいものは家の中に持ち込まれ，さらには個人に専用化される. コトも同じであり，楽しいことは家の中に取り入れる. ただし，面倒なこと，嫌なこと，つまらないことは家の外に出され共用になる[7].

> 【例】家の中に取り込まれたモノゴト
> ・公衆電話（共用）は，家の中に入り（加入電話），さらには携帯電話になる（専用）.
> ・映画館（共用）は，家の中に入り（テレビ），さらには個人用ワンセグになる（専用）.
> ・公衆浴場（共用）は，家の中に入り（内風呂になり），さらには給湯器により24時間好きなときにシャワーを浴びることができる（専用）.

6）　岡本信也：人間生活工学, **4**(1), 28 (2003).
7）　疋田正博：人間生活工学, **3**(4), 38 (2002).

【例】家の中から出されたモノゴト
　　・自宅葬をされる方は少なくなり，斎場で葬儀をすべてすませるようになった.
　　・親戚づきあいや肩の張る客との会食は，自宅ではなくホテルなどを利用する.

　ところで，昨今の住宅事情もあって，楽しいからといってすべてのモノを家の中に
取り入れることはできない. その場合には，借用，共用するということもある[6].

【例】カーシェア
　　・バス（共用）は，ファミリーカーになり，さらにマイカー（専用）になるが，置き
　　　場所に困るので，レンタカー（借用）になる. ただし，利用頻度が多い場合や，借
　　　用が面倒，借用品に気分的な抵抗がある場合には，専用に戻ることもある.

　これらをもとにすると，モノの「用」については，図 4-1 のようにまとめられる.
共用されているものを専用化できないか，専用されていていても場所ふさぎなモノは
借用のビジネスモデルをつくれないか，などという観点が得られる.

図 4-1　用のモデル
[岡本信也：人間生活工学，**4**(1)，28（2003）のモデルを拡張]

　（2）**仕事のモデル**　　快適性には，"インタラクションの快適性（p. 22）""環境
（空間）の快適性（p. 36）"に加えて，仕事がサクサク進むという"仕事の快適性"
もある. 仕事にはさまざまな形態があるが，仕事に必要なモノゴトがすべてそろい，
計画通りに進むと快適である.

【例】知的生産のモデル
　　　オフィスなどでなされる知的生産は，突き詰めれば「情報を集め」「加工し」「それ
　　を出力する」といえる（図4-2）. これが知的生産のモデルであり，このための条件
　　（モノゴト）が提供されれば，仕事がサクサクはかどり気持ちがよい. そして情報加
　　工に集中できる居住快適性やリフレッシュエリアなど"環境（空間）の快適性"が

整っていればベストである.

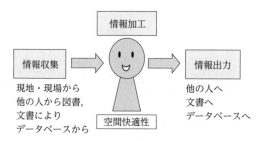

図 4-2　知的生産のモデル

（3）**不便の中にある効用**　　不便なものを見いだして便利にするということは，モノゴトづくりの一つの方向性であるが，それらは多くの場合，面倒さや時間，労力の削減といった時間節約や肉体的な楽さを求めたものである．人間は怠惰であり，また産業社会においては能率最優先という文化も背景に存在している．しかし，そうした便利さを求めることは，目には見えにくい効用を失うことにもつながりかねない.

　【例】バスや電車
　　　歩かず，短時間に遠くまで行けるので便利である．しかし，足腰が弱まる．遠方への出張も日帰りになり，気分転換，旅先での触れ合い，発見などの機会は失われる.

京都大学の川上浩司教授は，不便の中にも益があること（不便の益）を指摘し，不便を積極的に求めることにより，よいモノゴトが得られるアプローチを提案している[8].

　【例】素数ものさし
　　　素数目盛りしか打点されていない物差し（京都大学不便益システム研究所）．この物差しで，4 cm を測るのはどうすればよいだろうか？　直接測れないので不便だが，7 − 3 = 4，　11 − 7 = 4 などと自然と計算能力が養われる.

素数しか目盛りのない物差し

8）　川上浩司：“ごめんなさい，もしあなたがちょっとでも行き詰まりを感じているなら，不便さをとり入れてみてはどうですか？〜不便益という発想”，インプレス（2017）.

　今までのモノゴトづくりは，能率と便利さを旨としてもっぱら進められてきたものが多い．しかし不便の良さを求めたモノゴトづくりも，これからの一つの重要な方向性である．

COLUMN　便利の逆を行く楽しさ

　便利さを求めることで，カップ味噌汁が誕生した．手軽に味噌汁を楽しめる優れものである．しかし，家事は伝承されず，わが家の味は失われ，日本人の味覚の標準化にもつながっていった．
　一方で，味噌，具，出汁の不思議に目覚めて，気づいたら鰹節を自分で削っていた，鰹節の歴史を学んでいた，鰹節の製法に興味をもち現地に足を運んでいたという人もいる．つまり，便利を求めてきた歴史的経過を逆にたどっているのである．能率化を考えることが便利なモノゴトづくりだとすると，非能率化を考えることは，楽しみや学びのモノゴトづくりにつながっていくのかもしれない．

演習問題

1. 身の回りにあるモノゴトがもしなくなったら，どのような「不便さ」があるかを分析してみよ．その分析により，私たちはどのような「便利さ」をモノゴトに求めているのかを考察してみよ．

2. 「便利なモノゴトを提案していくアプローチ」「便利なモノゴトを提案していくための経験則」を用いて，新しい便利なモノゴトを考えてみよ．

3. 「用のモデル」を用いて，新しい便利なモノゴトを考えてみよ．

4. 「不便益の便」に基づき，便利なモノゴトをあえて不便にしたら，どのような便益（効用）が得られるかを考えてみよ．

5

使い方が分かるモノをつくる

いかに生活を便利にしてくれるモノゴトであっても,「使用方法」「利用方法」で困惑したことはないだろうか. 商品パッケージの開け方が分からない, 初めての食堂でのオーダーの仕方が分からないなどである. このような問題は, 人間工学のなかでもユーザビリティエンジニアリング[1] において扱われてきた. 本章では,「使い方が分かる」設計ということについて考えてみよう.

5・1　なぜ使い方が分からないのか?

あるモノゴトの使用(利用)手順は, 誰かが決めたものである.

> 【例】
> 　ペットボトルのキャップを開けるときには, 左に回す. 左回り, と「誰かが」決めたにすぎない.

誰か, とは, 使用手順を定めた設計者であり, その人が, このモノゴトはこのように使用せよ, と決めた, ということである. つまり, 使用手順は,「設計者が考えたもの」である.

設計者の「考え」と同じ「考え」をユーザ(利用者)がもっていれば, モノゴトは設計者の考えた通りに, 正しく使用される. しかし, 設計者の「考え」と異なる「考え」をユーザがもっており, しかも設計者の「考え」が, ユーザに正しく伝わっていないときには, ユーザはそのモノゴトを正しく使えない.

---

1) ユーザビリティエンジニアリングについては多数の図書がある. 例えば, ヤコブ・ニールセン 著, 篠原稔和 監訳, 三好かおる 訳:"ユーザビリティエンジニアリング原論—ユーザーのためのインタフェースデザイン 第2版, 東京電機大学出版局 (2002).

　結局，正しく使えるようにするためには，「設計者の考え」と「ユーザの考え」を一致させる必要があり，その解決策は次の二つしかないことになる.

　①　**ユーザの考えに基づく設計：**　ユーザの考えを設計者がよく理解したうえで，それに基づき使用手順を定める.

　②　**設計者の考えの明示：**　設計者の考えた使用手順を，ガイダンスなどにしてユーザに対し明確に伝達する.

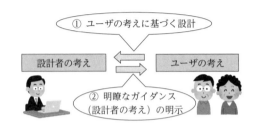

COLUMN　設計者の考えとユーザの考え

　設計者の考えとユーザの考えの不一致で困ることは，なにもユーザビリティに限った話ではない. 例えば，建築物でも同じである. 時折，全面ガラス張りで超近代的なビルやアパートを見かけるが，設計者としては誇るべき作品であっても，居住者からすると，プライバシーや日差しに悩まされる. 設計者の考え（作品）と，居住者の考え（住まい）とが一致していないのである. 解決策は，居住者の考え（住まいである）に基づいて設計者が建築物を設計するか，あるいは設計者の考え（作品である）を受け入れて，居住者が居住するか，いずれしかないことになる.

5・2　ユーザの考えに基づく設計

　例えば，ペットボトルのお茶を飲むときには，キャップを左回り（CCW）に回して開ければよい. 世の中に存在する「捻って開けるもの」は，そのほとんどが左回りであり，それに人々は慣れ親しんでいるから，それに従って設計すればよいだけである. それに反して「右回り」に開けるキャップを設計したら，ユーザからのクレームの嵐になってしまうであろう.

　つまり，ユーザが「このモノゴトはこのように使うものだ」という考えをもっている場合には，それに従って使用手順を定める.

　ユーザの考えとは，ユーザが有している知識（内在知識）と言い換えることができる. そうした知識は，過去にそのモノゴトを利用したときの経験をはじめ，さまざま

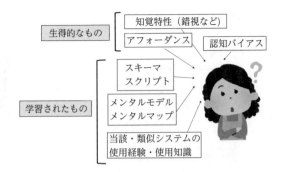

な特性や要素から形成される.

（1）　**先天的な特性**　　遺伝子に埋め込まれているようなものであり，先天的に獲得している知識といえる.

①　**アフォーダンス（シグニファイア）：**　ある環境（ものの形や性状）の状態は，ある行動を誘発する.

> 【例】
> ・座れそうな高さのものがあると，座る.
> ・握れそうな太さのものがあると，握る.
> ・置けそうなところがあると，モノを置く.

　こうしたことをアフォーダンス（affordance）といい，アフォーダンスの具体的表現（インタラクションの可能性を示す手がかり）をシグニファイア（signifier）という.

　設計者がある行動を利用者にさせたい場合（させたくない場合）には，設計物の中にその行動を促すシグニファイアを織り込んでおけば（させたくない行動を促すシグニファイアを除去しておけば），特段の使い方の説明をすることもなく，利用者は無意識のうちにその行動をしてくれると期待できる.

> 【例】物が置かれたくないのであれば，置かれない形にする
> 　斜面は，物は置けない. 置けないことを表すシグニファイアであるといえる. そこで物が置かれては困るのであれば，置かれないように斜面にする（写真）.

物が置かれることを
拒否する消火栓

　一方で，シグニファイアも何もない（設計者の考えが明示さ

れていない）と，どう使ってよいのか分からなくなる.

【例】シグニファイアのないドア

　　よく見ると「引く」と書いてある. つまり，「押す」「引く」の
シグニファイアが存在していないので，どうすればよいかパッと
見では分からない. 設計者の考えを書かざるを得なくなっている.

COLUMN　錯視を利用したシグニファイア

　出っ張っていると押し込みたくなり，引っ込んでいるとそれ以上は押し込みたくなくなる. これはアフォーダンスの一種だが，物理的な凹凸である必要はなく，知覚的にそう見えるだけでよい. 例えば，下図は，物理的にはまったく同じものだのだが（試しにこの本をさかさまにして見てみよう），出っ張って見えると，それを押せばよいと感じる. 一方，引っ込んで見えると，それ以上に押そうとは感じない. 影が下にあると出っ張って見え，上にあると引っ込んで見えるという錯視なのだが，「押す」に関わるシグニファイアになっている.

 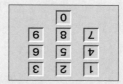

COLUMN　握れそうだと握る

　洗剤容器にはさまざまな形状のものがあるが，自然と握るところは決まってくるのではないだろうか. くびれがあると，そこを握ればよいという行為が促される. さらに，その部分に滑り止めのギザギザをつけると（設計者の考えも明示されると），そこが確実に握られるようになる. また，その位置が重心位置と一致していると，取り回しのしやすさにもつながる. 洗剤容器一つとっても，そのデザインは非常に奥深いのである.

　② **ゲシュタルト**：　人間には全体性や構造に重点を置いて部分を捉える傾向がある. これをゲシュタルト（Gestalt, 形態）という.

【例】プレグナンツの法則

　　物理的にまとまっていると知覚されるものは意味的にもまとまっていると感じてしまう. 次図が代表的である.

近　接
// 　　// 　　//　　　　近接するものは組であると見られる

類　同
□■■□□■■□□■■□□■■　　同様のものは組であると見られる

閉　合	
][ ][ ][ ][ ] [ ][ ][ ]	閉じる形をなすものは組であると見られる

良い連続	
	連続するものは連続すると見られる （2 本の糸が重なっていると見られ，V 字型に折れた 糸が頂点で接しているとは見られない）

　これらは使い方の暗示にもつながる．例えば，近接，類同からすると，物理的に似たものは，意味的にも同じグループに属し，同様の特性をもつと感じてしまう．そこで，意味的なまとまりと物理的なまとまりは一致させる必要がある．裏返すと，意味的に異なるものは物理的には異ならせるべきである．意味的に異なるものが物理的にまとまっていると，意味的にまとまっていると思われ，誤使用につながる．

【例】ジェットバスのリモコン
　気泡の噴き出しパターンが複数あるバスタブ（風呂）で，そのパターンをリモコンで切り替えるようにした．しかし，ある特定の噴き出しパターンだけは，空気の圧搾上，他に比べて反応が遅い（すぐに噴き出さない）．このため，他に比べて反応が遅いのは故障ではないか，とのクレームが相次いでいる．どうしたらよいか？

　・ゲシュタルトを利用した解決案
　当該リモコンを見ると，パターンごとのボタンが同じデザインで，等間隔に並んでいた．このため，「物理的なまとまり＝意味的なまとまり」とユーザが感じ，反応も同様に得られると思っていると考えられた．そうであれば，そのまとまりを崩せばよい．つまり，反応の遅い噴き出しパターンのボタンを"他とは変える（類同を崩す）""ボタン間隔を他とは広げ，最下段に持ってくる（近接を崩す）"が対策として考えられる．

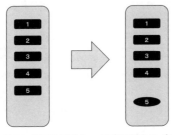

すべてのボタンが同じデザインで等間隔に並んでいると，同じように反応すると思われてしまう	反応が異なるボタンは，デザインを変え，間隔もずらすと，反応が異なっても違和感を覚えない

COLUMN　ナッジ

　人間の行動特性に基づき，相手に望ましい行動をそっと促す仕掛けのことを総称してナッジ (nudge) という．ナッジとは，ちょっと肘で突く，というような意味である．ナッジにはさまざまな形態があるが，人の認知的負荷（考える手間）を避ける傾向が根本にある．これをうまく汲み取ったデザインをすることで，設計者が望む行動へと誘導ができる．なおナッジは無意識に相手を誘導するので，提供者が自分の利益を上げてしまうように誘導する悪用にもつながりかねない．そうしたナッジの悪用はスラッジ（sludge：汚泥）といわれ，戒められている．

シグニファイア
・基準があるとそれに従う：お店に行列をつくるときに，お店の前に1本，線が引いてあると，それに沿って並んでしまう．
・狙えそうだと狙う：男性トイレの小便器にターゲットがマークされていると，そこを人は狙ってしまう．結果，飛び散りが減る．実際，オランダのスキポール空港ではこの工夫により，トイレの清掃費が8割近く節減されたという．

選択行動の誘導
・デフォルト効果（初期設定効果）：選択肢が複数ある場合に，ある選択肢を初期設定しておくと，それが変更されずにそのまま選択されてしまう傾向がある．自分で考えて，初期設定を変更するのが面倒（心理的コストがかかる）なためである．
【例】　EC サイトでは初期設定を「宣伝メールを受け取る」に設定し，「メールを受け取らない場合にはチェックを外してください」としておく場合（オプトアウト）と，初期設定せずに「メールを受け取る場合にはチェックを入れてください」とした場合（オプトイン）とでは，前者の方が，メールを受け取る人の数が圧倒的に多くなる．
・選択肢の構造化：選択肢が多いと，どれを選べばよいか分からなくなってしまう．とはいえ，選択肢の数があまりに少ないと，それも自由度がなく，選択に不安が生じる．そこで多数の選択肢を示しつつ，選択しやすくする構造化をはかる．
【例】　レストランのメニューで，「今日のオススメ」「売れてます！」などの一言を添える．

③　**認知バイアス：**　ある事象や事態に直面したときに，自分に都合が良いように判断が偏ったり，つじつまを合わせてしてしまうことがある．これらを認知バイアス

表 5-1　認知バイアスの例

コミットメントと一貫性	立場を明確にすると，その立場を維持して一貫して行動しようとする
正常性バイアス	自分にとって都合の悪い情報を無視したり，過小評価したりしてしまい，異常であっても正常だ，と自分に思い込ませてしまう
確証バイアス	自分に都合のいい情報だけを集め，自分の判断の妥当性を強化し正当化してしまう
サンクコストの呪縛	過去の金銭や時間，努力の投資が大きいほど不都合が生じていても撤退できない
同調性バイアス	集団の中にいると他の人と同じ行動をとってしまう．1人だけ違う行動をとることができない

といい，さまざまなものが見いだされている．表5-1に代表例を示す.

　システムが異常に陥っているときに正しい対応ができないことは，これらの認知バイアスで説明できる．対応の客観的な基準をあらかじめ設けておくことで，この状態からの脱出をはからせる必要がある.

【例】
- 試した方法がうまくいかないとき，それがうまくいかないと分かっていても，何度も同じ方法を試す（コミットメントと一貫性).
- 異常を思わせる兆候があるのだが，正常を示す兆候をことさら見つけて，「たぶん大丈夫」とそのまま使い続ける（確証バイアス，正常性バイアス).
- 修理に散々，時間や費用をかけていると，買い替えたほうがよくとも，あきらめきれずさらに費用をかけて直そうとする（サンクコストの呪縛).

　(2)　**学習された知識**　　そのモノゴト，あるいは類似のモノゴトを利用し，その利用方法を学習すれば，次からもそう利用する．つまり，使い方，利用の仕方を，知識として蓄えたということである.

　さらにこうしたことを繰り返していくうちに，なんとなく使い方の一般原則のようなものが分かり，以前はこうだったから，今度もこうだろうということで，推察ができるようになる．そうした推察が通用するようにモノゴトを設計すれば，新しいモノゴトも，ユーザは初回からスムーズに使用できるようになる.

　①　**スキーマ（schema）:**　　あるカテゴリに属するものがもつ，「らしさ」というような一般化された知識のことをスキーマという.

【例】
- 硬貨：「丸い」「金属である」「指でオッケーサインをつくった程度の大きさ」
- 犬：「四つ足である」「毛皮に覆われている」「耳がピンとしている」「しっぽがある」「ワンという」

- 学校の式典行事：「生徒は整列する」「'静粛に！' と教頭がいう」「国旗，校旗が掲揚される」「校長が台の上から延々と話す」「全員で校歌を歌う」

　そのモノゴトがもつ「らしさ」が多いほど，「そのモノゴトらしい」ということになり，少ないほど，「らしくない」ということになる．校長先生の話が一瞬で終わると，「今日の式は式らしくなかったよね！」と生徒が話すようなものである．

　利用の仕方ということであれば，そのモノゴトが，「らしさ」を多く有すれば，そのカテゴリのものと認識され，説明抜きで正しく利用されるようになる．

> **【例】自動販売機**
> 　「見本が並んでいる」「カラフルである」「人の身長より大きい金属の箱である」「コイン投入口がある」「商品取り出し口がある」といった「らしさ」が多いほど，自動販売機として認識され，利用される．しかし，それら「らしさ」を有していないと，それは自動販売機とは認識されず，利用されない．

　さらには違うモノゴトの「らしさ」を含んでしまうと，その違うカテゴリのモノゴトと思われ，誤利用されてしまうこともある．

> **【例】子どもや認知症のお年寄りのプラスチック消しゴムの誤食**
> 　「良いにおいがする」「きれいな色」「ソフト」「手ごろなサイズ」といったグミやゼリー菓子のスキーマを多数有しているから誤食してしまうのであろう．この対策としては，消しゴムからは食品（グミ）らしさを減らすしかなく，注意書きや保管場所を工夫しても，やはり事故は起きてしまうのである．

　②　**スクリプト（script）：**　日常の典型的な行動プロセスや作法に関わる知識をスクリプトという．

> **【例】スーパーマーケットの買い物**
> 　かごに商品を入れて，最後にレジでお金を払う．レジを通過する前であれば，いったんかごに入れた商品を商品棚に戻すこともできる．

　このスクリプトを身に着ければ，世界各国，どこのスーパーに行っても買い物ができる．このスクリプトは，世界共通だからである．さらにスーパーをセルフサービスのショップと抽象化して考えると，カフェテリアでも，このスクリプトに従って行動（食事）ができる．

　ECサイトでの買い物も，「カートに入れる」「カートの確認」「レジに進む」「お支払い」などのボタンがあるが，そのボタンを見れば，何をすればよいのかがすぐに分かるのは，セルフサービスショップのスクリプトが身についているからである．スク

リプトが通用しないと，困惑，誤使用，といったことにつながる．

**EC サイトを説明抜きで利用できるのはスーパーのスクリプト
が通用するから**

【例】鉄道利用

　日本の鉄道は切符を買い，改札を通ってホームに進み列車に乗り込むが，海外では車内で切符を買ったり，改札機がなく，自分でホームの打刻機に切符を入れて打刻をしたりとさまざまである．乗り越し制度がなかったり，行き過ぎて戻るときには 1 回改札を出なくてはならないなどということもある．日本の列車の乗り方のスクリプトが通用しないので，ガイドブックを読む，誰かに聞くなど，外部の知識を利用して，正しい手順（設計者の考え）を把握するしかない．

③ **メンタルモデル**： 人はあるシステムがあるとき，その作動原理（理由）を知りたがる．説明がつかないと不安なのである．それが与えられないときには，自分なりに辻褄の合う理由を考えてしまう．それがメンタルモデルである．「ああなったらこうなる」「こうだからああなる」といった「作動イメージ」のモデルである．その人なりに説明がつく解釈が構築できると，安心する．しかし，メンタルモデルは実際のシステム挙動とは異なっているかもしれない．

【例】時計はなぜ動くのか？
　・時計の中に小人がいて，その小人が針を動かしている．

・電池が入っていて，モーターで針が動く．
・ぜんまいの力で歯車を回し，針が動く．

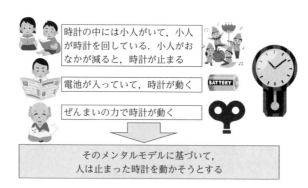

時計の中には小人がいて，小人が時計を回している．小人がおなかが減ると，時計が止まる

電池が入っていて，時計が動く

ぜんまいの力で時計が動く

そのメンタルモデルに基づいて，人は止まった時計を動かそうとする

時計のメンタルモデル

　時計のメンタルモデルもさまざまにつくることができ，「動く」ということについてみれば，どれも辻褄が合う．しかしすべて違うかもしれない．

　人はあるメンタルモデルをもつと，そのメンタルモデルのもとに操作を始めてしまう．結果，時計が止まったとき，子どもは小人を励まそうと時計におやつを詰め込み，ぜんまいのメンタルモデルをもっている人はねじを探そうとし，電池のメンタルモデルをもっていると，電池交換をしようと時計をいじくりだす．しかし，実はソーラー時計かもしれない．そうであれば，それらいずれの行為も正しくない．光にあてる必要がある．つまり正しいメンタルモデルであれば，正しい操作ができるが，正しくない（現実と異なる）メンタルモデルであると，戸惑いや誤った操作をしてしまうことになる．

　④　**メンタルマップ（認知地図）：**　地理状態に関するその人のイメージである．メンタルマップは実際の地理と一致しているとは限らない．そこで不適切なメンタルマップに基づいて，あるエリアを歩いたり，自動車や自転車を運転すると，道に迷うことになる．特に人は「東西南北」「上下左右」というように，直交したメンタルマップをつくりやすい（ユーザの考え）．このため実際の道路や通路が斜交したり，弧を描いている場合には，道に迷いがちである．特にランドマークが見えない地下街やショッピングモールのような大型建築内の通路設計では，直交する構造が重要となり，それができない場合には，明瞭な案内表示（設計者の考え）を掲出する必要がある．

COLUMN　メンタルモデルの抽出[2]

　ある機器やシステムの操作手順について，ユーザがどのようなメンタルモデルをもっているのかということは，設計案とタスクを与え，ユーザに尋ねてみればよい．
　【例】　あるビデオ機器のリモコンの設計案が図のようだとする．これに対して，「12月24日18時からの19チャンネルの番組を1時間録画する」というタスクを与えたとしたら，どういう順序でボタン操作をするだろうか？　またそのときの確信度はどうだろうか？

　こうした実験を，ターゲットとするユーザ層に多数実施したとき，全員が確信をもって同じ手順を回答したなら，それがユーザの考えということになるので，それに従って手順を設定すればよい．しかし，回答がバラつき，かつ，各人が高い確信度をもっているのであれば，問題である．対策としては次が考えられる．
　・回答がばらつく箇所について，設計案を変更する．図の例であれば，ボタン配列やボタン文言を変更することで回答のバラつきを減じられる可能性がある．
　・相当強力なガイダンスを提示する．つまり設計者の考えを明示する．
　・そのすべての手順を受け付ける寛容性のある設計にする．

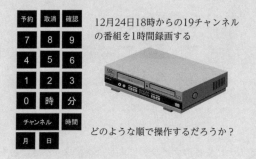

12月24日18時からの19チャンネルの番組を1時間録画する

どのような順で操作するだろうか？

5・3　設計者の考えの明示

　ユーザの考えに基づく設計は第一義であるとはいえ，ユーザがスキーマ，スクリプトをまったく有していない新しいモノゴトであったり，あるいはユーザによりまちまちであるような場合には，それにも限界がある．

　その場合には，設計者の考えを明示する．設計者の考えの明示とは，要するに設計者が，自分が考えた手順をユーザに教えることである．その伝え方としては，マニュアルや手順書に書いておくことや，機器それ自体に貼り紙を貼ること，書いておくこ

2）　小松原明哲，松岡政治，西田和子，大成直子：人間工学，**35**(5)，347（1999）.

COLUMN　インタフェースを通じてのシステム理解

　化学プラントのような大規模システムでは，その制御は制御盤を通じてなされる．具体的には，プラント各所のパラメータが制御盤に表示され，それを運転員が知覚し，プラント状態を判断（診断）し，流量制御などの必要な措置を決定し，制御盤を操作してプラント各所に伝達する．

　インタフェースそれ自体の見やすさ，分かりやすさは重要だが，それだけでは正しい運転はできない．インタフェースを通じて，プラント全体の様相が把握できなくてはならないのである．運転員はプラントの正しいメンタルモデル，メンタルマップを事前に有していることが重要であり，その上で，そのメンタルモデル，メンタルマップがインタフェースに適切に表現されていることが求められる．このことからすると，もともとのシステム構造が複雑で，容易にメンタルモデル，メンタルマップが構築しがたいのであれば，インタフェースの表現をいかに工夫しても限界が生じることが示唆される．実際，例えば増築に増築を重ねた温泉旅館，多くのオプションがついて複雑化したサービスの料金プラン，さらには順次拡張，拡大されてきた情報ネットワークサービスなどでは，いかに案内書を工夫しても，どうすればよいのかさっぱり分からないということを経験する．

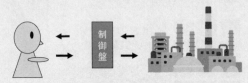

　対象のメンタルモデル，メンタルマップが適切に構築できていなければ，制御盤のインタフェースをいかに工夫してもうまく制御ができない．

と，またビジュアルナビや音声ナビなどにより，次になすべきことを提示することなどがある．

【例】
- ・お菓子のパッケージでは，開け口，開け方を大きく書いておく．
- ・銀行の ATM では，「暗証番号を入力してください」などとディスプレイに表示したり，音声メッセージで誘導する．
- ・バス停やバスの外側に，「後ろ乗り，前降り」と書いておく．

　設計者の考えを明示する場合のポイントは以下である．

　（1）　**気づいてもらう：誘目性**　　使い方を書いたら，そこに注目してもらう必要がある．それが誘目性である．その時点で誘目させたい情報は，背景（地）に対して目立たせる（図化する）．これを「図と地の効果」「ポップアップ効果」という．

　一般に，次のものは目立つ．

- ・動くもの

COLUMN　思い込みをするな！

　私たちは，物事を理解するときには，まず対象を観察し，あるスキーマを無意識のうちに生じさせ，そのもとに理解しようとする．これは概念駆動型情報処理などといわれる.

　【例】　次の文章の意味はなんだろうか？

　　　　　To be, to be, ten made to be.

「アルファベットである」「すべて英単語である」「To be は不定詞である」などということから，英語のスキーマが生じ，英文として理解しようとしていないだろうか？　その前提のもとでは，この文章は絶対に理解できないのだが…．【答えはこのコラムの最下段に】

　一方で，「思い込みをするな！」といわれるが，いくら詳しく説明されても，思い込み（スキーマ，スクリプト）なしには物事が理解できないという場合もある.

　【例】　次の文章は何を説明したものだろうか？　…【答えはこのコラムの最下段に】

　手続きはまったく簡単である．まず，物をいくつかの山に分ける．もちろん，全体量によっては，一山でもよい．　設備がないためどこか他の場所に行かないといけないとしたら，それは次の段階であり，そうでなければ，あなたの準備はかなりよく整ったことになる．大事なのは一度にあまり多くやらないことである．つまり，一度に多くやりすぎるより，むしろ少なすぎるくらいの方がよい．この注意の必要性はすぐには分からないが，もし守らないと簡単にやっかいなことになってしまうし，お金もかかることになってしまう．最初この作業はまったく複雑にみえるかもしれない．しかし，すぐにこれはまさに人生のもう一つの面となるであろう．近い将来にこの作業の必要性がなくなると予想することは困難で，決して誰もそれについて予言することはできない．手続きがすべて完了すると，物をまたいくつかの山に分けて整理する．次にそれを決まった場所にしまう．作業の終わった物は再び使用され，そして再び同じサイクルが繰り返される．やっかいなことだが，とにかくそれは人生の一部なのである.

　(Bransford & Johnson 1973)　D. ルーメルハート 著，御領 謙 訳，"人間の情報処理―新しい認知心理学へのいざない"，サイエンス社（1979）より.

　つまり，取扱説明書は詳しく記載すればよい，というものではなく，正しい概念（正しいスキーマ，スクリプト，メンタルモデルなど）を与えることが先決になる.

【答え】
　①　ローマ字として読んでみよう
　②　電気洗濯機での洗濯

・大きなもの

・明るいもの

・背景に対してコントラストのあるもの

・囲まれたもの

　ただし，気づいてもらいたいものが気づかれるかどうかは，背景とともに評価されなくてはならない．例えば，蝶はカラフルであり，それだけを見れば目立つが，花畑

のなかでは目立たない．背景に埋もれてしまうからである（蝶からすれば生き残る戦略になっている）．

COLUMN　システム1認知とシステム2認知

「醤油」「ソース」と書いてあっても，無意識のうちに違う瓶を取り上げてしまうことがある．確かに書いてあるが，それに気づかないのである．相当，大きく書いてあり，単体としての誘目性があっても，気づかれない．

これはシステム1，システム2といわれる人間の認知特性に由来する．文字を読むことは意識的な行為であり，これをシステム2認知という．システム2認知は，認知的な負担が大きい．そこで，人間はそうした認知を避け，特に意識せずとも把握のできる色，形といった情報を手掛かりにヒューリスティックな行動をしていく．これをシステム1認知という．その結果，色や形が似ている選択肢があると，それを間違って選んでしまうのである．大きく書いておけばよい，それをしっかり読めばよい，といってもやはりそうした取り間違いは生じてしまう．複数の選択肢がある場合には，色や形といったシステム1認知で識別がつくようにするしかないのである．

COLUMN　錯視の応用

錯視には，さまざまな種類があるが，それらは誘目性を左右することがある．
【例】 エビングハウス錯視
同じ大きさであっても，周辺が大きいと，その事項が小さく見える．また周辺の大きい項目に誘目されてしまうため，気づかれないことがある．

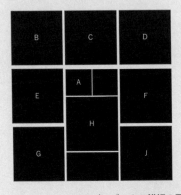

エビングハウス錯視の展開例
左右の図でAの面積は同じであるが，どちらの方が，Aの表示に気づきやすいだろうか？

（2）　**意味明瞭性**　　貼り紙やマニュアルにユーザが誘目させられても，書いてある意味を理解できなければ設計者の考えを伝えたことにはならない．ユーザの分かる言葉，理解できる図記号などで表記する必要がある．

①　**用語が分かる：**　専門用語はそれを使わざるを得ないこともある．その場合には専門用語の説明を別途，丁寧に行う必要がある．

COLUMN　専門用語の順序性

IT 機器では，該当する日本語も存在せず，そのまま使わざるを得ない用語も多い．
【例】 マウス，クリック，カーソル，スワイプ，アイコン，フリーズ，ダウンロード，アップロード，アーカイブ，ウイルス，クッキー，ブラウザー，…
　一度分かってしまえばどうということもないのだが，こうした言葉のオンパレードにより，初心者は混乱してしまい，投げ出してしまうこともある．特に専門用語にはこの言葉が分からないと次の言葉が分からない，次の利用に進めない，という順序性もある．いっぺんに見せつけるのではなく，順を追って一つずつ丁寧に説明（提示）していく必要がある．

---

②　**ピクトグラム（図記号，絵文字）：**　設計者の考えを伝えるのに，ピクトグラム（図記号，絵文字）を用いると外国人にも直感的に理解でき，システム 1 の認知も期待できる．しかし，動作や写実できる状態は表現しやすいが，概念的な状態をピクトグラムで示すことは意外にむずかしい．各国の風習，文化や宗教の違いといったことも考えに入れる必要がある（p. 2）．

【例】 トイレ操作系ピクトグラム
　　［ISO 7000/IEC 60417（Graphical symbols for use on equipment）］
　　［JIS S 0103：2018（消費者用図記号）］

ISO/JIS	3609/6.2.3	3610/6.2.4	3611/6.2.5	3612/6.2.6
名　称	便器洗浄（大）	便器洗浄（小）	おしり洗浄	ビデ洗浄
図記号				

ISO/JIS	—/6.2.7	3613/6.2.8	3614/6.2.9
名　称	乾燥	便ふた開閉	便座開閉
図記号			

トイレ操作系ピクトグラム（説明がなくともすべて分かるだろうか？）

（3）　**意味排他性**　　一つひとつの文言やピクトグラムの意味が漠然と分かっても，同時に複数のものが提示されると，その選択に悩んでしまうことがある．

【例】
　・鉄道の「快速」「高速」「急行」「通勤特急」の違いは何だろう？
　・コピー機の「ストップ」「リセット」「クリア」の違いは何だろう？

　設計者は当然，違いが分かっているが，利用者（ユーザ）は，その違いを理解することができず，誤利用につながることがある．同時に提示する項目の意味が互いに排他的であるかを，事前に利用者に確認することが必要になる．

5・4　寛容性 vs 一貫性（標準化）vs 明瞭性

　同一機能を有するモノゴトにもかかわらず，利用方法が異なったり，あるいは硬直的な利用方法であると，利用者が混乱する．

【例】
　①　上下レバーの水栓には，かつて，上吐水のものと，下吐水のものがあり，利用者の混乱を招いていた．
　②　かつて，鉄道に自動改札機が出現したときには，切符を裏返しに挿入したときに受け付けないものがあった．

　これらについて，利用方法を明瞭に書いておく（設計者の考えを明示する）ことでいきなり解決を図るのはナンセンスである．まずは次の対応がなされるべきである．
・寛容性：改札機の例であれば，切符をどのような向きで入れても改札されるようにすればよい．
・標準化（一貫性）：上下レバー水栓であれば，どちらかの方式に統一してしまえばよい（現在では，上吐水に統一されている）．
　寛容性は，ユーザのさまざまな考え方や行為をすべて受け付けてしまうもので，ユーザからすると，「正しい使い方」を学ぶ必要もなく，一番楽である．
　標準化は，システム内での操作方法を一貫させる，同様のモノゴトでは利用方法を一貫させる，ということである．1回学べば，すべてに通用するので好ましい．寛容化ができない場合に採用する解決策となる．ただし，リスクが小さくなる方式に標準化する必要がある．

COLUMN　メタファー

　概念的な状態は，喩え（メタファー）による説明が一案である．例えば，高温，低温は，汗を かいている人，震えている人で表現するなどである．また，家庭用ミシンの速度調整レバーに は，ウサギとカメの絵が描いてあるものがある．これはウサギとカメの童話や，それぞれの歩行 速度を知っていることが前提のメタファーである．それらを知らないのであれば，速度のメタ ファーにはならない．ウサギは毛が柔らかい，カメは甲羅が固い，ということで，柔らかい布 用，硬い布用，というメタファーになってしまうかもしれない．設計者の考えをメタファーで示 すのはよいが，ユーザに誤った考えを伝達しかねない．ユーザに提示しての検証が必要である．

COLUMN　時計回り/反時計回り

　恥ずかしながら筆者は，大学生になるまで，時計回り（CW：clockwise，右回り）/反時計回 り（CCW：counter of clockwise，左回り）の意味が分からなかった．これは，回すものを 「真上から見たとき」の回転の方向のことである．ある人にそういわれて，腹にストンと落ち， 以降間違えることはなくなった．

　電車も，「右側のドアが開きます」といわれても，よく分からなかった．これは「進行方向に 向かって」右側，左側のこと，といわれて，これもストンと落ちた．設計者の考えを示すときに は，なぜ，そうなのかという，設計者の観点が示されることは重要であり，それに納得，共感で きれば理解が容易で記憶にも定着しやすくなる．しかし，その観点に納得，共感できないと，い つまでたっても違和感を覚えることになる．

反時計回り
(CCW: counter of clockwise)
左回り

時計回り
(CW: clockwise)
右回り

【例】リスクの小さくなる標準化
　　上下レバー水栓では，上吐水に統一された．地震の際に上から落ちてきた物がレ バーにぶつかり，下吐水では水が出っぱなしになってしまったためである．

5·5　記　　憶

モノゴトの利用中に短期記憶が必要となり，利用に戸惑うことがある．

COLUMN　誰にとっての使いやすさか？　ユーザのレベル

　モノゴトの利用の仕方を知らなければ使えないが，繰返し利用すると，その利用の仕方は記憶され，知識として自分の頭に取り込まれ，結果として説明抜きで利用できるようになる．つまり「学習」「慣れ」である．この観点からすると，利用者は次のように分類される．

・ノービス（初心者）：そのモノゴトを初めて使う人．使い方を教えてもらう，マニュアルを読むなどしなくてはならない．つまり設計者の考えが明確，具体的に提示されていなくてはならない．聞ける人が周りにいない，取扱説明書が分かりにくいと，「お手上げ」になってしまう．

・並級者：ある程度使うことで，基本的な利用の仕方が分かり，システムのスキーマやメンタルモデルも形成されてきた段階で，その知識をもとに，知らない操作を試してみることなどができるようになってきた段階の人．ただし，知ったかぶりで利用して，恥ずかしい思いをしてしまうこともある．

・ベテラン（熟練者）：利用の仕方がすべて頭の中に入っており，メンタルモデルも形成されている段階の人．外部から教えてもらう必要がなくなり，むしろ教えられると煩わしくさえなってくる．スキーマ，スクリプトも形成されているので，類似システムも類推しながらスムーズに利用することができる．システム1認知がもっぱらになるので，スピーディな利用が可能になるが，逆に不注意のミスが生じるおそれもある．

　こうしたことは，ドラッグストアの店頭で化粧品を買うときのことを思い出せば分かると思う．初めての商品であれば，店員にあれこれ質問し，アドバイスを得なければ購買に踏み切れない（初心者）．ある程度の使用経験を積むと，今回は別の商品を使ってみよう，などという判断ができるようになる（並級者）．愛用が決まり，いつもそれを買っていると，店頭で無意識のうちにその商品を手に取り，かごに入れる．そのときに店員がすり寄ってきてあれこれ説明しだすと，煩わしい以外の何物でもない，一方でシステム1認知が悪さをして無意識のうちに外観類似の他の商品をかごに入れてしまうこともある（ベテラン）．

　結局，設計者の考えの明示といっても，その位置づけは利用者の"慣れ度"により変わってくる．初心者には使い方を具体的に伝え，並級者では試行錯誤の支援に，ベテランには，システム1認知でも間違いを起こさないように，ということになる．

（1）**記憶の三段階モデル**　　人間の記憶は3段階がある．

①　**感覚記憶：**　網膜の残像のようなものであり，刺激の強度が強い方が残存する．くっきりはっきりした表示の方が目に残る，ということである．設計者の考えの明示（図と地の効果）に影響する．

②　**短期記憶：**　一時的に覚えている，という状態．電話番号を頭の中で繰り返しているような状態であり，注意が逸れるとすぐに消失してしまう．短期記憶は使いやすさに大きな影響を与える．

③　**長期記憶：**　思い出すことができる記憶．内在化された知識になり，覚えた，という状態．

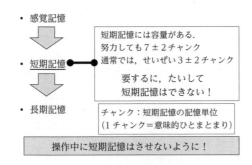

記憶の3段階仮説

（2） 短期記憶

① **短期記憶の特性：** 人間の短期記憶には容量限界があり，7±2チャンクである（"マジカルナンバー7±2"といわれる）．チャンクとは意味的なひとまとまりということであり，ひとまとまり化することをチャンキングという．チャンキングにより情報が心理学的に圧縮される．

> 【例】
>
> 　873986を数字で覚えることは6チャンクであるが，「花咲く春」とゴロで覚えれば，「花」「咲く」「春」の3チャンク（または「花咲く」「春」の2チャンク）に圧縮される．さらに，数字の羅列と異なり，文章的な意味があり，短期記憶にとどめやすく，長期記憶にも転送されやすくなる．つまり，覚えやすい．

COLUMN　学習の容易性

　意味があると（意味付けができると）長期記憶に転送されやすい．
　【例】 シャンプーボトルには側面にギザギザ（凸部）があり，リンスのボトルにはない．視覚障害者はもとより，洗髪中で目が開けられないときにも手触りで識別できるユニバーサルデザイン（共用品）である．しかし，シャンプーボトルにはギザギザ，ということを覚えていなければ，せっかくの配慮も意味をなさない．筆者はこれを，じゃりじゃりの髪を洗うのがシャンプーだからじゃりじゃり（ギザギザ），髪を滑らかにするのがリンスだから側面なめらかと覚えたのだが，どうだろうか？

---

② **短期記憶の排除：** モノゴトの利用中に確認したいことは常に確認できるようにする．これにより短期記憶の必要性が排除される．

【例】モードの表示

　複数のモードのあるシステムでは，現在モードを常に表示する．操作をしているうちに，今，どのモードに入っているのかが分からなくなってしまったり，目的とするモードとは異なるモードであるにもかかわらず，それに気づかず操作を行うことがあるからである．

　例えばATMでは，引出し，振込みなど複数のモードがある．現在，どのモードに入っているのかが常時，操作画面に表示されていないと，操作中に，果たして自分は正しいモードでの操作をしているのか，不安になる．

　受付に長い行列ができている場合，その行列が何の行列なのかが常に確認できることが望ましい．列がなかなかさばけないときほど，その列に並んでいてよいのか不安になる．

【例】パソコンのウインドウ

　複数のウインドウの立上げ方は，小さなウインドウを重ねずにタイルのように並べる方式（tiling window）と，一つ一つのウインドウを大きくし，それらを重ねる方式（overlapping window）とがある．各ウインドウで扱うタスクが関係し，相互に参照しながらタスクを行う場合には，tiling window方式が望ましい．例えば，ヘルプ画面を見ながら問題画面の操作をするときである．このとき，二つの画面が重なってしまう（overlapする）と，短期記憶をしなくてはならず，非常にストレスとなる．

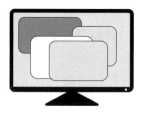
overlapping window

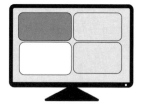
tiling window

COLUMN　音声ナビはむずかしい

　機器操作では，設計者の考えを明示する手段として，「音声ナビ」が用いられることがある．視線が表示箇所に向いていなくても気づくことができるが，短期記憶が必要になる．このため，短期記憶しやすい数チャンクの内容にとどめ，さらに再確認（再・再生）ができるようにしなくてはならない．また，確認済みのことを何度も自動再生でいわれるとイライラしてくる．生活上の問題もあり，「周りにいる人（同席者）にはうるさい」などのほか，提示される内容によっては，プライバシー上の問題が生じることがある．銀行のATMで，「残高がありません」などという音声メッセージが大声で提示されたら，恥ずかしくてたまらないと思う．

5・6　脱出できること

　モノゴトの利用中に，見たこともない状態に入ったり，システムが動かなくなってしまうなど，困惑する状態に陥ってしまうことがある．そのとき，人は支離滅裂な操作を始め，それでもうまく行かないと，システムを破壊してしまうような行為をする．

> 【例】
> ・パソコンがフリーズした（固まってしまった）ときに，最初は冷静に「Esc」ボタンを押したりするが，それでも動かないと，適当にキーを連打し，それでもだめだと電源を落とす，バッテリーを外すなどの乱暴な行為をする．
> ・ステープラーに針が挟まると，最初は落ち着いて取り外そうとするが，それでも取り出せないと，ハサミを突っ込んで無理無理ほじくりだそうとし，それでもだめだとステープラーを机にたたきつけるようなことをする．
> ・火事のときに冷静さを失い，トイレの個室に逃げ込むなどのパニック行動が報告されている．

　こうした行為は望ましくない．しかし，なぜそういった行為をするかというと，初期状態に戻りたいのである．そこでその状態からの「脱出性」が求められる．

> 【例】
> ・テレビのリモコンは，電源をオフにすると，一般放送に戻る．
> ・ファックス機では，受話器を取り下ろしすると，電話モードに戻る．

演習問題

1. 利用の仕方が分からなかった，という例を思い出し，設計者の考えとユーザの考えの不一致の観点から考察せよ．例えば，自分の考えとは違っていたのか，それとも，自分の考えはなく，さらに設計者の考えも明瞭に伝達されていなかったのか？

2. 次の例を調べてみよ．
   ・アフォーダンス（シグニファイア）により行動が誘導されている例
   ・スキーマの例
   ・スクリプトの例

3. p. 69 に示した「ビデオ機器の録画」について，メンタルモデルの抽出を試みてみよ（p. 69 に示されたタスクでは，自分はどのような操作を行うだろうか？）．また，それを他の人と比べてみよ．

4. 身近な図記号，ピクトグラムや，メタファーによる説明の例を調べ，その効果を考察してみよ．初見の人や外国人（異文化の人）にも理解できるだろうか？　あるいは自分が海外旅行をした際に悩んだ図記号やピクトグラムはないだろうか？

5. Shneiderman の「UI デザインにおける八つの黄金律」を用いて，身近な IT 機器やアプリケーションソフトを評価してみよ．また使いにくいと思ったことがあれば，それはどの原則に反するのかを考察し，改善案を考えてみよ．

COLUMN　UI デザインの原則

　諸家が UI（user interface）デザインや Web デザインのためのデザインガイドライン，設計指針，デザイン原則などを示している．多くは経験則であるが，その背後には，本章で述べてきた人間の諸特質が存在している．

【例】対話設計における八つの黄金律
(Shneiderman's Eight Golden Rules of Interface Design)

八つの黄金律	本章との関連での説明
一貫性をもたせる	設計者の考えを都度，提示する必要がなく，ひとたび操作スクリプトを獲得できれば容易に操作を進められる
頻繁に使うユーザには近道を用意する	熟練者のスピーディな操作を保証する
有益なフィードバックを提供する	フィードバック（ストローク）が与えられることで，安心して次の操作に進める（p. 35，p. 88）．不適切な操作をしていれば，その段階で指摘されることで，すぐに修正できる
段階的な達成感を与える対話を実現する	
エラーの処理を簡単にさせる	・冗長な修正操作を避ける
逆操作を許す	・ノービスや並級者の試行錯誤学習を支援できる
主体的な制御権を与える	・ユーザのレベルに応じたガイダンスを提示する ・脱出機能を設ける
短期記憶領域の負担を少なくする	短期記憶を要さないことで，スムーズな操作が可能になり，ミスを避けることができる

　［ベン・シュナイダーマン 著，東 基衛，井関 治 監訳：“ユーザーインタフェースの設計—やさしい対話型システムへの指針 第 2 版”，p. 49-50，日経 BP（1995）］

6

使いやすいモノをつくる

便利であり，使い方が分かっても，ハード的に使いにくくては使えない．ハード的に使いにくいとは，ボタンが小さく押しにくい，ハンドルが固くて回せない，メーターの位置が高すぎて確認しにくいなどである．本章ではこうしたハード側面について検討してみよう．

6·1 マン・マシンシステムとハード的な使いやすさ

マン・マシンシステムのモデルを思い出してみよう（p. 22）．ハード的な使いやすさとは，手・指など効果器に対するボタンなどの操作器の寸法適合や，表示器，操作器の空間上の配置が関係する．古くから人間工学の研究課題であった．

COLUMN 人間工学

人間工学の英語表記は，ergonomics と human engineering（human factors engineering, human factors）とがある．前者は，産業医学，なかでも労働衛生の3管理（「作業環境管理」「作業管理」「健康管理」）に深く関係し，働く人の健康や安全の観点からのワークシステム設計に注目している．産業革命（18世紀）に遡る歴史がある．後者は，20世紀の機械の時代に入って米国で生まれてきたもので，使用性（使いやすさ）のよい機械を設計する必要から発達してきたもので，心理学との関係が深い．

6·2 操 作 器

（1）**操作器とは** 操作器とは，手指，足，脚，音声などにより操作されるものである（図6-1）．また，重度の肢体不自由，筋委縮などの難病を患っている方には，瞬き，眼球運動，呼気などを利用した入力装置が開発されている．一般の道具や機器操作では，「押すもの（ボタン）」「握るもの（グリップ）」「出し入れするもの（取出し口/挿入口）」によりもっぱら操作される．

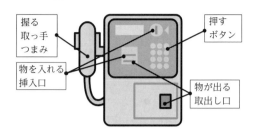

図 6-1　公衆電話の操作器

（2）**押すもの：ボタン**　ボタンの設計基準値を図6-2に示す．背景には，指の腹全体で確実に押せること，かつ，同時に二つのボタンを押さないよう，ボタンの間隔は離れていることの二つの理由が存在している．

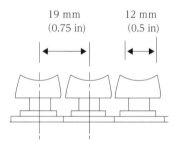

図 6-2　ボタン（キー）の設計基準
[Eastman Kodak, Co., Engineering Design for People at Work, Vol.1. Lifetime Learing Pub. (1983) に基づく]

（3）**つまんだり握ったりするもの：グリップ**　数本の指でつまむ，あるいは手のひら（掌）で握るものであり，つまみスイッチ，カラオケマイク，携帯電話（本体），テニスのラケットなどがそうである．微妙な違いがパフォーマンスに大きな影響を与える．

①　**直径はどうするか？**（図6-3）

・コントロールする：微妙な調整（コントロール）が必要な場合は，直径を細くし，指先でつまんで扱えるようにする．鉛筆などの筆記用具は0.8 cm程度の直径である．

COLUMN　設計基準値の前提

　設計基準値は，なぜこの値なのか，その理由，根拠を分かっていないと，基準値が独り歩きしてしまい，適用できない例に適用してしまうことがある．ボタンの例であれば，成人の平均的な指先寸法に由来している．そこで，分厚い手袋をはめて操作する場合には小さすぎる値となり，子ども用品であれば過剰な基準値となる．

指先コントロール
（鉛筆では 0.8 cm）

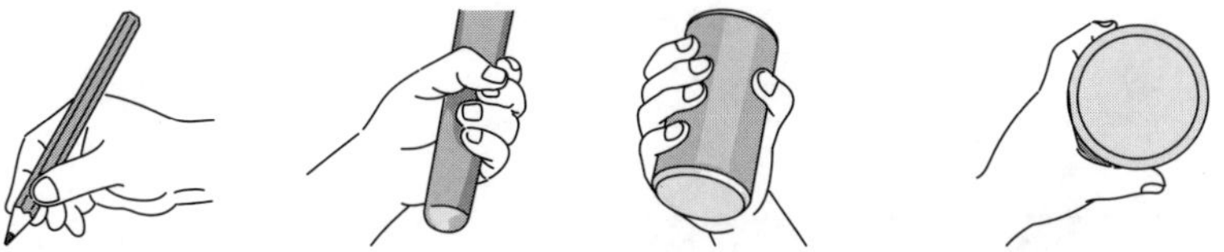

快適握り
（中指と親指が
軽く接する．3
cm 程度）

握力最大
（親指と中指が平
行になる．5 cm
程度．ジュースの
細い缶はこの直径）

最大握り
（親指と他の指とで直径を
カバーできる．約 10cm.
これ以上の太さになると,
片手保持は難しくなり,
把手が必要になってくる）

図 6-3　グリップ：直径の使い分け

・快適な握り：成人では，直径が 3 cm 程度であると，握ったときの快感が大きい．このときには，中指と親指が軽く触れ合っている．カラオケマイクは，この直径で，かつ，握ったときに滑り落ちないようにマイク側に開いた円錐になっているものが多い．

・握　力：直径が 5 cm 程度で握力が最大である．そこで，しっかり握る必要のあるものは，この直径にするとよい．このときには，中指と親指がほぼ平行になっている．

・片手で握れる最大：直径が 10 cm 程度が片手で握れる最大である．これ以上の直径になると，全指を使ってわしづかみをするか，両手で持つ，あるいは把手をつける必要が出てくる．

②　**グリップは本体に対して，どのようにつければよいか？**：　棒を握ってまっすぐに腕を伸ばすと，図 6-4 のように，棒が斜めの状態になる．このときには手首の関節が曲がらず，前腕の筋肉にも無理な負担が生じない．そこで，この状態でグリップを握ったときに機器が目的位置に作用するよう，グリップは本体と一定の角度をな

COLUMN　ヒト×タスク ⇨ 設計値

　ユーザ（人間）に合わせてモノをつくるといっても，それに加えてタスクが決まらないとモノはつくれない．テニスやバドミントンのラケットのグリップが分かりやすい．握って何をするのか？　というタスクにより，選ぶべき直径は変わってくる．

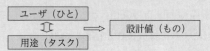

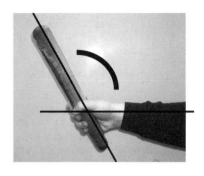

図 6-4　棒を握って腕をまっすぐに伸ばす

すように設定される.

　③　**重量バランスを考える**：　グリップをつかんだ位置と,機器の重心とが一致することが望ましい.これがずれていると,機器の保持のために,前腕の筋に負担がかかる.そのときには全体重量が重くなっても握る位置に重心がくるように錘をつける配慮が望まれる.

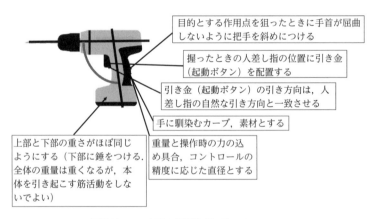

目的とする作用点を狙ったときに手首が屈曲しないように把手を斜めにつける

握ったときの人差し指の位置に引き金（起動ボタン）を配置する

引き金（起動ボタン）の引き方向は,人差し指の自然な引き方向と一致させる

手に馴染むカーブ,素材とする

上部と下部の重さがほぼ同じようにする（下部に錘をつける.全体の重量は重くなるが,本体を引き起こす筋活動をしないでよい）

重量と操作時の力の込め具合,コントロールの精度に応じた直径とする

図 6-5　電動ドリルの人間工学設計ガイドライン
　　　　あるべき条件をまとめたものが,設計ガイドラインとなる.

（4）挿入口,取出し口

　①　**挿入口**：　手に持っている小片を機器に挿入する口であり,鍵穴,USB メモリーの挿入口,自動販売機の硬貨投入口,コンセントなどがそうである.軽くテーパーをつけることなどにより,挿入操作が格段に容易になる.

　②　**取出し口**：　機器から排出される小片を取り出す口であり,自動販売機の釣銭

口，挿入した SD カードの取出し口などである．これらは小片が指先でつまめることが必要である．取出し口の底面と小片との間に空間があることや，小片が飛び出してくるなどの配慮が必要となる．挿入口や取り出し口は，ちょっとした形態の違いにより，使いやすさが大きく変わる

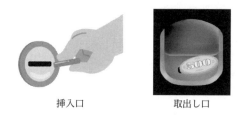

挿入口　　　　　　　　取出し口

6・3　表示器と操作器の配置

　（1）　**操作姿勢と配置**　　表示器や操作器の配置位置を決める基本は次の①〜④である．

　①　**基本姿勢の定義：**　その製品を使う基本姿勢を定める．例えば，立位で使うのか，座位で使うのか，といったことである．

　②　**目の届く範囲に表示：**　基本姿勢をとったときに，自然と視線が向く方向（視方向）を中心にした視野内（視方向を中心に，上下に各 60 °，左右に各 100 °程度の楕円の範囲，図 6-6）に表示器を配置する．ただし視方向（中心視）から外れた周辺（周辺視）では視力は低くなるので，周辺視に提示される情報は見落されがちである．そこで，気づかせるためには明滅させるなど図化し，誘目させる．さらに視野外に情報を提示する際には，アラームなどの聴覚表示を併用し，注意を惹く．

COLUMN 視野と視力

本を広げ，ある文字に注目したまま，視線を動かさないで，どのくらい離れたところの文字まで読み取ることができるだろうか？ 試してみよう．漢字か平仮名か，図表か，などということは分かるかもしれないが，「読み取る」ことはできないのではないかと思う．つまり，視野内の視力は一定ではなく，周辺ほど視力が低下するのである．

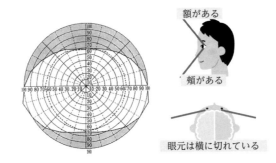

図 6-6 両眼視の視野と視界
[(左) 真島英信, "生理学", 文光堂 (1987)]

③ **手の届く範囲：** 腕を伸ばしたときに，手が届く範囲を最大作業域という（図6-7）．この範囲内に操作器がないと手が届かない．立位において上方に超えると，踏み台を使うなどしないと届かず，前方であれば身を乗り出さざるを得ず，下方ではしゃがまざるを得ない．また，最大作業域内であっても，上方に腕を伸ばすことは，腕の自重もあり負担が大きいので，避けるべきである．

④ **確認順・操作順に従った配置：** 画面やパネル上で均等に並んでいる複数の項目を確認する場合，注視点は，左上から右下の方向に自然に移動する．これをグーテンベルグの法則という（図6-8）．

また，階層性などがある場合には，ZまたはFの文字を描くように移動する．これをZの法則（図6-9），Fの法則（図6-10）という．Web，チラシ，操作盤などにおいて，確認すべき項目の配置に用いられている．

項目並びが縦書き的に感じられる場合には，日本語の縦書き文書の読み方同様，右上からスタートするNの文字を描くように移動する．これはNの法則といわれている（図6-11）．

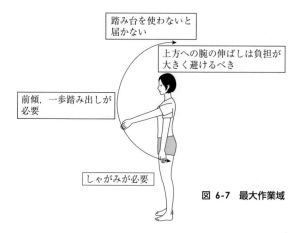

踏み台を使わないと
届かない

上方への腕の伸ばしは負担が
大きく避けるべき

前傾，一歩踏み出しが
必要

しゃがみが必要

図 6-7　最大作業域

図 6-8　グーテンベルグの法則
項目が均等に並んでいる場合，画面
上，視線は左上から右下方向に動く

図 6-9　Zの法則
画面上，視線は "Z" のように
動く．チラシデザインなどで多
用されている．

図 6-10　Fの法則
視線は，左上 → 右上と動き，
次の段も同様に，結果として
"F" のように動く．確認事項
が多い場合などは，Fに従って
階層化する

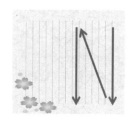

図 6-11　Nの法則
縦書き性がある場合，視線は
"N" のように動く．

COLUMN　リモコンの設計

　「最大作業域内に操作器を配置する」という操作器配置の考え方は，テレビのリモコンやスマートフォンなどでも同じである.

　多くの人はリモコンを片手に持ち，親指（または人差し指）でボタンを操作すると思う．その状態（＝基本姿勢）で親指（または人さし指）が到達する範囲内にボタンが配列されていないと，指が届かずストレスである．余談だが，高齢者では片手でリモコンをしっかり持ち，もう片方の手の人差し指でボタンを操作をすることが多い．この場合も，人差し指の動く範囲内にボタンがないと，手首や前腕を動かすことになり，ストレスである.

6・4　時間とタイミング

　(1)　**フィードバック**　　機器を操作したときに，その反応（フィードバック）が機器から得られないと，人は自分の操作が受け付けられたのかどうかが分からず，不安になり，過剰操作につながる．フィードバックが必要である．ただし，フィードバックが遅いとその間，不安である．そのときには，現在処理中である旨の表示（プログレス表示）を提示する.

　　【例】呼び鈴 ①

　　　呼び鈴（インターフォン）が押されたにもかかわらず，何の反応（応答）もしなければ，相手は不安から何度も連打してしまう．しかし，応答しようと思っても，ゆっくり腰を上げていると，これも連打されてしまう．すぐに返事をする必要がある.

　　　返事をしてから玄関になかなか出ていかないと，これも相手に不安感やイライラを与えて「どうしましたか？」などと催促されてしまう．返事をした段階で「足が悪いので少し待っててくださいね」などと一言，断りを入れるとよい．一種のプログレス表示として作用する.

　一方，フィードバックがあまりに速すぎるのも考えもので，びっくりしたり，自分の操作が正しく処理されたのか，不安になることがある.

【例】呼び鈴 ②

　呼び鈴が押されるや否や，間髪置かずに玄関を開けると，待ち構えられていたのかと，これも相手はびっくりしてしまう．

(2)　**作動時間**　ドアクローザーの調子が悪く，ゆっくり閉まるのはイラつき，無理に閉めようとする．といってあまりに早く閉まるとびっくりしたり，挟まれてしまうようなことにもなる．機器は人間の動作ペースに合わせた作動時間で動かなくてはならない．

COLUMN　はちみつ問題

　私は，ハチミツや，粘性の高い接着剤，軟膏を必要量，チューブから絞り出すのは苦手である．傾けても出てこないし，押してもすぐには出てこないので，つい力を入れて絞ってしまい，結果，必要以上の量を出してしまう．慌てて力を緩めても，ハチミツは延々と出続けて，あたり一面，ハチミツだらけになってしまう．これもフィードバック問題（遅すぎ）である．一方，サラサラの醤油なども問題で，容器を傾けたとたんに予想外に大量の醤油が出てしまうこともある．これもフィードバック問題（早すぎ）である．食料油程度の粘性のモノが一番，注ぎやすい．ハチミツや醤油には文句をいえないので，容器の口や，容器の固さ（力を必要以上に入れにくいように固く），また容器をシースルーにし，容器内の液の状態を確認できるようにする（プログレス表示）などの配慮が必要になる．

COLUMN　マン・マンシステムでのフィードバック

　フィードバックについては，人間−人間系も同じである．
【例】
・話しかけても返事がないとムッとする．
・食堂で店員を呼んでも返事がないと不安で，何度も声をかけてしまう．注文後，なかなか料理が出てこないと，イライラし催促する．一方，注文をするや否や料理が運ばれてくると，これもつくり置きが出てきたのではないかと不安に思う．
・メールを出しても返事がないと不安になる．LINE では，既読になれば安心はするが，スルーであると（返事がないと），それももやっとした不安感をもたらす．かくしてどちらかが「おやすみなさい」のスタンプでも出さない限り，LINE のやり取りはいつまでも続くことになる．

　フィードバックの意味明瞭性も問題である．
【例】
・EC サイトでキャンセルメールを出した返事が，「お客様のご連絡を確認しました」では，本当にキャンセルされたのか不安になる．
・「少々お待ちください」といわれたときの，「少々」の時間感覚は，いった方といわれた方とでは異なり，いわれた側はかなり短く見積もる．△分などと極力，定量的にいう．また待ち時間にバラつきが見込まれる場合には，長めにいう．短めにいってそれ以上かかるとクレームになるが，長めにいって短めに対応すると，むしろ好感につながる．

1. 身近な機器の操作器を書き出し,「使いやすさ」について評価をせよ.

2. 身近な機器を改めて見てみると,下図にあるように,人間工学が巧みに活かされている例が多い.身近な機器で配置を評価してみよ.

自然な立位姿勢で,
視線が向いた方向の
中心視野内に表示がある

自然な立位姿勢で,
最大作業域下方に
操作器(ボタン)がある

Fの法則に基づいて
レイアウトされている

郵便局の ATM

3. 身近な機器や,日常生活において,フィードバックについて評価してみよ.フィードバックがないと自分はどういう気持ちになるか,考えてみよ.

7

利用プロセスと使いやすさの検証

切符券売機のボタンが押しやすいからといっても，表示が見にくければ切符をスムーズに買うことはできない．さらに，切符券売機それ自体が使いやすいからといっても，手に持っている傘やカバンの置き場所がなくてはスムーズに切符を買うことはできない．つまり，利用シナリオ全体がスムーズに進まなければ，よい機器とはいえないのである．本章では，モノゴト全体を利用シナリオから評価するためのモデルとチェック方法を検討しよう．

7・1　評価の考え方

利用者がモノゴトを利用するのは，自分の利用目的（ゴール）を達成したいからである．しかし，そこにはそれを邪魔だてるさまざまな課題がある．

【例】スマートフォンで，あるゴールを達成をしようとする
　　　使いやすさだけについてみても，下図のように解決すべきさまざまな課題がある．

> そもそもそのシステムではできないことをしようとしている
>
> 間違ったスクリプト，メンタルモデルを当てはめている
>
> どういう手順でやればよいのか分からない
>
> ガイダンスがない．意味が分からない
>
> ハード的に使いにくい　　画面が光って見にくい
>
> システムからのフィードバックがない
>
> システムからのフィードバックが意味不明である

ユーザは目的（ゴール）をもってシステムを操作する．なぜゴール達成ができないのか？　さまざまな理由が考えられる

　これらの課題すべてが解決されなければ，ゴールは達成されない．あるモノゴトの利用において，どこにどのような課題があるのかを事前に評価することが求められる．

7・2　評価の方法

　（1）　**マン・マシンシステムに基づく評価**　　マン・マシンシステム（p. 22）に基づくと，「使いやすさ」のチェック項目が導かれる．

表 7-1　マン・マシンシステムに基づく「使いやすさ」のチェック項目例

	チェック項目（例）	チェック
表　示	・必要な表示や内容はすべてそろっているか？ ・表示は知覚（視認）できるか？ ・誘目性はあるか？	
判　断	・表示された内容は理解可能か？ ・意味排他性はあるか？ ・どのように利用すればよいのかが分かるか？	
操　作	・操作器は操作しやすい形状，状態か？	
配　置	・表示は視野内にあるか？ ・操作器は作業域内にあるか？ ・確認順，操作順に従って並んでいるか？ ・表示確認や操作器操作において無理な姿勢をとることはないか？	
フィード バック	・操作に対して直接的なフィードバックはあるか？ ・フィードバックの意味は明瞭か？ ・利用者に対して簡潔，丁寧なフィードバックか？	
時　間	・フィードバックが得られるまでの時間が長すぎ/短かすぎで不審を与えることはないか？ ・フィードバックが得られるまでの時間が長い場合，プログレス表示をしているか？ ・システムの作動時間は長すぎないか/短すぎないか？	

　（2）　**階層的タスク分析**（hierarchical task analysis：HTA）　　マン・マシンシステムに基づくチェックは簡便であるが，ゴールを達成するためのタスクプロセスが長く，その際にいろいろな表示や操作器を用いることになると，評価に漏れが出てきてしまう．その場合は，階層的タスク分析（HTA）を用いる．ゴールを達成するためになされるタスクをプロセス（行程），アクション（動作）にブレイクダウンし，各アクションに対応する「道具立て（インターフェイス）」の状態を丁寧に評価することができる．

COLUMN チェックリストによるモノの評価

　チェックリストや評価方法だけではモノゴトの良否のチェックはできない．評価の前提を決める必要がある．
【例】ジュースの自動販売機の評価
・身体に障害のない成人，高齢者，子ども，視覚障害者の方では，評価結果は違うだろう．
・屋内設置の自動販売機で，電子マネーでジュースを 1 本買うときと，屋外設置の自動販売機で，雨天に数本の飲料を紙幣で買うときとでは，評価結果は違ってくるだろう．
　つまり，いつ，どこで，誰が，どういうゴールを達成したいのか（どういうタスクを行うのか）が決まらないと，設計もできないし，評価もできない．それらの想定を端的に示したものがペルソナ/シナリオということになり（p. 183），また人間中心設計過程（HCD：human centered design，13 章）の考え方につながっていく．

【例】自動販売機の階層的タスク分析

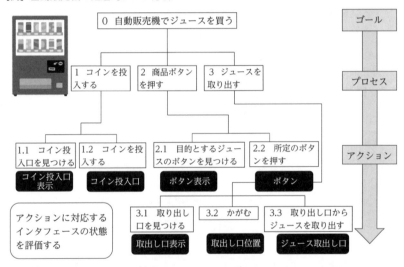

　この例で説明すると，次のようになる．
　① "自動販売機でジュースを買う"というゴールを「達成するためには？」と問うことでプロセスを明らかとし，「そのプロセスを達成するためには？」と順次，問うていくことで，実際に利用者が行うべきアクションにブレイクダウンしていく．
　② 明らかとなったアクションについて，それをスムーズに実行できる条件（インタフェース）が整っているかを，逐一評価する．もしブレイクダウンした末端のアクションの一つでも実行できなければ，ゴールが達成できないことになる．

（3）　時間予測　　表示を確認するにも，ボタンを操作するにも，それぞれ時間がかかる．そのような基本的なアクションを行うのに要する時間値には，それほど個人差があるものではない．そこで，その時間値をあらかじめ調べておき，HTA でブレイクダウンしたアクションに対して，その時間値を当てはめて合計することで，そのゴールを達成するのに要する時間を見積もることができる．

なお，見積もられた時間は，「そのくらいはかかります」という設計や管理のための目安であり，確実にその通りの時間で行われることまでは保証はしないが，以下において有益である．

　・プラント制御などの操作時間制限があるものにおいて，制限時間内に操作が完了するかをおおよそ評価できる
　・複数の設計案（実施案）がある場合に，操作時間の点で優劣比較ができる
　・インタフェースを改善した場合の改善効果が時間的に評価できる

　①　**実績値の当てはめ：**　さまざまなアクション（要素行動）にかかる時間値を調べておけば，その組合せで全体の所要時間を見積もることができる．

【例】出勤途上に ATM でお金をおろし，コンビニでお昼のお弁当も買っていく
　この例であれば，80 分くらいは時間がかかってしまうと見積もられる．

要素行動	時間値（分）
自宅から駅まで歩く	20
ATM の利用（引出し）	5
電車の利用	30
コンビニでの買い物	5
会社最寄り駅から会社に歩く	15
エレベータ利用	5
合計（総所要時間）	80

　②　**PTS 法：**　PTS 法（predetermined time standards）では製造業における製品の組立て作業の作業時間（正味時間）予測に向けて，上肢動作を中心に動作の時間値表がまとめられている．

　PTS 法にはいくつかの手法がある．その代表例として，表 7-2 に，MODAPTS 法の時間値表（チャート）を示す[1]．各身体部位の動きに対応して英字と数字からなる記号が対応しているが，この数字が，その身体部位の 1 回あたりの動作時間（単位：MOD，1 MOD = 0.129 秒）を表す．そこで設計案が決まると，ゴールを達成

1）　日本モダプツ協会："モダプツ法による作業改善テキスト"，日本出版サービス（2008）．

表 7-2　人間の動作時間（MODAPTS 法）

動作区分		記号	説　明
移動動作		M1	手のつけ根より指の先だけで行われる動作
		M2	手首より先の手のひらと指による動作
		M3	前腕を使っての手，指の動作
		M4	上腕を主として肩から先の腕全体で行われる動作
		M5	伸ばし切った腕の動作
終局動作	つかむ動作	G0	指先または手のひらで目的物に触れる動作
		G1	指を閉じるだけの簡単なつかみ動作
		G3	複雑なつかみ動作
	置く動作	P0	とくに意識して目で見なくとも（周辺視で見ても）目的物を目的地に置くことのできる動作
		P2	目で見ながら 1 回の修正動作を行って物を置くような動作
		P5	目で見ながら行うもっとも複雑な動作
その他の動作		L1	重量因子：有効重量（片手に実際にかかる重さ）が 2 kg 以上のときに，4 kg ごとに L1 を置く動作に加える
		E2	目の動作（目の移動，目の焦点合わせ）
		R2	指先で対象物をつかみ直す動作
		D3	瞬間的判断
		F3	ペダル動作：かかとを床につけたままペダルを踏んだり放したりする足首の動作
		A4	圧力を加える動作
		C4	円運動をする上肢動作（クランク動作）
		W5	1 歩ごとの歩行または回転動作
		B17	身体を曲げてまたもとに戻す動作
		S30	座って立ち上がり再び座る（またはその逆）の動作

＊記号の数字がその動作の 1 回あたりの所要時間値を表す（単位 MOD = 0.129 秒）
MODAPTS：MODular Arrangement of Predetermined Time Standards
［日本モダプツ協会のご厚意により掲載］

するのに要する時間を見積もることができる.

【例】自動販売機でジュースを 1 本買う

コイン投入口を見つける	E2E2	4
コインを投入する	M4P2	6
ジュースのボタンを見つける	E2E2	4
所定のボタンを押す	M4G0	4
取出し口を見つける	E2	2
かがむ	B17	17
ジュースを取り出す	M2G1	3

MODAPTS 法による時間予測　　　合計　40 MOD
（0.129 秒× 40 = 5.160 秒）

③ **Keystroke-level Model**: 思考，判断など，より認知的な活動がメインとなるタスクにおいては，PTS 法では目が粗く，時間値をうまく評価することがむずかしい．その場合には，S.K. Card らの提案する Keystroke-level Model（KLM）[2] を用いるとよい．表 7-3 に KLM の主要な認知基本時間を示す．

表 7-3 基本認知時間の例

認知行為	1 回あたり基本時間（ms）
1 回のサッケード（飛躍運動）と停留	230（70 ~ 700）
感覚器に取り込まれた情報の知覚	100（50 ~ 200）
認知（長期記憶から情報を引き出す）	70（25 ~ 170）
名称照合判断（知覚した名称が所与の名称と一致するか判定する）	380（155 ~ 810）
包摂判定（知覚した名称が所与のカテゴリに含まれるか判定する）	450（180 ~ 980）
キー操作時間（運動開始命令から運動が実際に開始されるまで）	70（30 ~ 100）

[S.K. Card, *et al.*, "The Psychology of Human-Computer Interaction", CRC Press (1986)]

【例】駅の立ち食いそば・うどん店で食券券売機

メニューの画面案が A, B 二つある．どちらの方が購買時間的に優れているか？

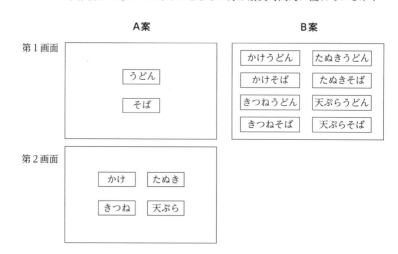

---

2) S.K. Card, T.P. Moran, A. Newell : "The Psychology of Human-Computer Interaction", CRC Press (1986).

A 案では，第一画面で「うどん」「そば」を選び，第 2 画面でトッピングを選ぶ．
B 案では，第一画面にすべての販売商品を表示する．

【検討例】

・前提：天ぷらそばを購入する．
・仮定：画面上の項目を「F の法則」に従って順に確認するとする．すべての項目は
　同じ外観で表示されている（色分けなどにより類同させていない）．

検討例では次の操作行動モデルを立てることができる．

A 案

t =（第 1 画面の探索時間）+（第 2 画面の探索時間）+（第 1, 2 画面でのキー操作
　　時間）+（改画面時間）

　=（視線移動時間× 2 ＋包摂判断時間× 2）+（改画面時間）+（視線移動時間×
　　4 ＋照合判定時間× 4）+（キー操作時間× 2）+（改画面時間）

　=230 × 2 + 450 × 2 + 230 × 4 + 380 × 4 + 70 × 2 +（改画面時間）

　=3940 ms +（改画面時間）

B 案

t =（探索時間）+（キー操作時間）

　=（視線移動時間× 8 ＋照合判定時間× 8）+（キー操作時間× 1）

　=230 × 8 + 380 × 8 + 70

　=4950 ms

これより，A 案では，第 1 画面から第 2 画面への切替え時間が無視できる程度で
あれば，約 1 秒，短い時間で天ぷらそばの食券を購買できることが示唆される．

（4）**行為の 7 段階仮説**　　現実の生活行動は，手順が明確に決まっているわけで
もなく，むしろ，その場で生じたニーズを充足するためにその場でゴールが定めら
れ，その場で対応策を考えて実行されていく．つまりゴールを達成するために臨機応
変な行動がなされることが多い．この場合，ゴールがスムーズに達成できれば気分が
よい．その条件が整っているかを評価するためには，D.A. Norman の提案する行為
の 7 段階モデル（図 7-1）[3] を用いて評価するとよい．

3）　D. A. ノーマン　著，岡本 明ら 訳："誰のためのデザイン？　増補・改訂版 ─認知科学者のデ
　　ザイン原論"，新曜社（2015）．

このモデルは次を表している.

①　ニーズからそれを充足するためのゴールが生成される

②　そのゴールを達成するためには何を行えばよいかを考える（意図形成）

③　具体的なやり方を思いつく（行為系列生成）

④　実際に実行される（外界への働きかけ：行為の実行）

すると,

⑤　外界への働きかけにより外界の状態が変わるので，それに気づく（外界状況の知覚）

⑥　その意味を解釈する（知覚の解釈）

⑦　ゴールが充足できたかどうかを評価する（解釈の評価）

　ゴールが充足できればそれで終わるが，意図形成以降のどこかの段階で行き詰ると，そこでストップしてしまい，ゴールは達成されない．その場合には，ゴールを充足するための別のやり方が考えられ，実行されていく（プロセスの2巡目に入る）．2巡目で充足できなければ，3巡目，4巡目，…と繰り返されるが，万策尽きるとゴール達成（ニーズ充足）は諦めざるを得ない，ということになる.

　この考え方に基づき，ユーザはどこで行き詰ったのか？　ゴール達成のための条件は整っているのかをチェックすることができる（表7-4）.

表 7-4　行為の 7 段階モデルによる評価

段　階	評　価
ゴール形成	ユーザのゴールはそのシステムで実現可能であったか？ そのシステムではどのようなゴールを達成できるかの判断ができるか？
意図形成	ゴールを達成する方法は思いついたか？　思いつけるか？
行為系列形成	ユーザは適切なタスクプロセスを構築できたか？　構築できるか？
行為の実行	タスクを実行するためのハード条件は整っていたか？　整っているか？
外界状況知覚	実行した操作に対して確認はできたか？　確認できるか？ フィードバックはあったか？　フィードバックがあるか？
知覚の解釈	確認事項は理解できたか？　理解できるか？ システムからのフィードバックは正しく理解可能であったか？　理解可能か？
解釈の評価	ユーザはゴールが達成できたかを理解できたか？　理解できるか？

［金山豊浩（主査）：ユーザーがつまずいた原因は本当にそれですか？　行為の7段階モデルを用いたユーザーのつまずき解決手法；日科技連公開資料（2016），https://www.juse.or.jp/sqip/workshop/report/attachs/2015/4_c2.pdf］

【例】小腹が減ったので何か食べたい：行為の7段階による記述例

次の場合には，ゴールは達成できない．

・冷蔵庫を探せばよい，ということが思いつかない（意図形成）．

・冷蔵庫がどこにあるか分からない，開け方が分からない（行為系列形成）．

・冷蔵庫に鍵がかかっていて開けられない（行為の実行）．

・冷蔵庫内が真っ暗で品物の確認ができない（外界状況知覚）．

・菓子パンが見つかったが，食べてしまってもよいものかの判断がつかない（知覚の解釈）．

・その菓子パンで小腹がいやせるものなのかの予想がつかない（解釈の評価）．

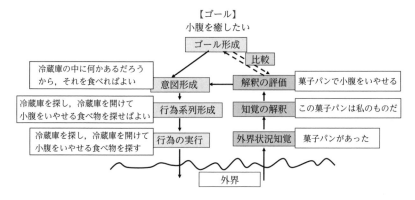

図 7-1　行為の7段階モデル

[D. A. ノーマン 著，岡本 明ら 訳：“誰のためのデザイン？　増補・改訂版 ─認知科学者のデザイン原論”，新曜社（2015）]

演習問題

1. 身近な機器を取り上げ，マン・マシンシステムに基づくチェックリストを用いて，自分を基準として使いやすさを評価してみよ．さらに，高齢者，子ども，障害のある方，初心者，ベテランなど，ユーザ想定を変えてチェックしてみよ．

2. 身近な機器を取り上げ，あるゴールを達成するためのプロセス，アクションをHTAを用いてブレイクダウンしてみよ．

3. 美容院でヘアカットしてもらう，歯科診療所で治療を受ける，レストランで食事をするなどのコトについて，HTAでプロセス，アクション展開してみよ．またそのコトがスムーズに進むためにはどのような条件が必要かを評価してみよ．

4. 自宅を出て会社（職場）に行くまでなどの一連の行動について，それを構成している要素行動を書き出し，それぞれの時間値を調べてみよ．それをもとに，別の一連の行動についての所要時間を見積もれ．

5. 「部屋が暗いので明るくしたい」「分からない言葉があるので理解したい」などのゴールについて，自分ならどういう手段で達成するか（例：蛍光灯をつける，辞書で調べる）を考えて，行為の7段階モデルにより表現してみよ．

利用者の主観評価を得る

　意匠（デザイン）をはじめとする感性面，嗜好面については，利用者の主観評価を得る必要がある．本章では，利用者に評価してもらう，市場の意見を聞いてみる，ということを検討してみよう．

8・1　感性評価

　ちょっとした物理的な状態の違いが，好き嫌いといった感性評価に大きな影響を与えることがある．

COLUMN　感性評価が重要な商品

　感性評価が重要な商品は，非常に多い．また複数の感性評価が合わさって好き嫌いが評価される場合もある．例えば，漬物（食品）であれば，「味」といった味覚だけではなく，「香り」という嗅覚，「見た目」といった視覚，「歯応え」という触覚，食べたときの「ポリポリ」という音など，それらが調和して，"おいしい"という総合評価につながる．感性による商品開発は非常に奥深いものなのである．

感性評価が求められる商品

【例】モノゴトの感性評価

・せっけん：香り，泡立ちといった微妙な違いが，好き嫌いに大きな影響を与える．

・飲　　料：味，香り，喉越しなどの微妙な違いが，好き嫌いに大きな影響を与える．

・受　　付：対応の仕方，ちょっとした言葉づかいが，来客の好感度に大きな影響を
　　　　　　与える．

8·2　複数の設計案のどれが支持されるか？

　複数の設計案（サンプル）をつくったとき，そのどれが市場に支持されるかを調
べ，モノゴト開発の参考にしたいということがある．

【例】五つのウサギシールデザイン案があるが，そのどれを採用したらよいだろうか？
　　ターゲットとする消費者の好みの傾向を知りたい

　　この場合，ターゲットとする多数の消費者（市場）の意見を聞いて，その集計によ
り採否を検討することが方法として考えられる．その意見の聞き方としては，「選択」
「順位付け」「一対比較」「格付け（評点付け）」の4方法が考えられる．各方法には一
長一短の特徴があり，使い分けが求められる．

ウサギシール：どのデザインが市場の支持を受けるだろうか？

（1）**選　　択**　　一番好きなものを一つ選んでください．

	サンプル1	サンプル2	サンプル3	サンプル4	サンプル5	平　均
選択者数						

　サンプルを評価者に提示し，好きなものを一つだけ選ばせる．これを多くの人に実
施し，それを集計し，選択数が多いほどよいと判断する．選択数順にサンプルに順序
をつけていくこともできる．選挙はこのやり方である．

COLUMN　数字と情報量

私たちが日常使っている数字は，その性質から4種類に分けることができる．これを尺度という．

・名義尺度：個体を識別するために便宜的につけられた数字．分類を保証する．マイナンバーがそうであり，あなたと私が異なることだけが説明できる．

・順序尺度：大小，優劣などの順序性を表すことのできる数字．オリンピックの優勝順位がそうであり，3位より2位が，2位より1位が優れているということはいえる．ただし，1位と2位の実力差と，2位と3位の実力差は同じという保証はまったくない．

・間隔尺度：距離関係を保証するもので，加減算が可能な数字．摂氏温度がそうであり，40℃は30℃より10℃熱く，30℃は20℃より10℃熱い．ただ，水が凍る温度を0℃として原点を定め話が進んでいるだけなので，この原点が変わると，差（間隔）は維持されるが，比は維持されない．40℃は20℃に比べて2倍の熱さ，とはいえないのである．

・比尺度：比関係も保証するもの．加減算に加えて乗除算が可能である．絶対温度や長さ，重さなどがそうであり，原点は動かしようがないので，比関係も維持される．4kgは2kgの2倍の重さであり，また2kgは1kgの2倍の重さである．

名義尺度，順序尺度，間隔尺度，比尺度の順に，含まれる情報が多くなる．例えば，短距離走であれば，タイムが計測されれば（比尺度），実力差も評価できるし（間隔尺度），もちろん，順位も決められる（順序尺度）．また1位の人はこの人，ということもいえる（名義尺度）．そして多くの情報が含まれるほど，多様な統計解析も可能になり，さまざまな特性を明らかにすることができる．

他に比べて群を抜いて選択数が多いものがあれば，それが市場の支持であると自信をもっていえるだろうが，断トツがあるともいえない場合には，カイ二乗検定（適合度検定）で統計的に評価する．ただし，群を抜いて高いといっても，他に比べて良い，という相対評価でしかないから，それを市場に投入しても，実は好まれない可能性もあるし，逆に最下位であっても相応に好まれる場合もある．

（2）**順位付け**　サンプルを同時に提示し，それらを比較させて，好きな順に並べてもらう（順序をつけてもらう）．これを多数の人に行ってもらい，順位の合計（順位平均）を求めて，順位の合計の順に総合順位をつける．ただし，サンプル数が多いと混乱し，適切な評価ができなくなる．このため，サンプルの特徴にもよるが，

回答者	サンプル1	サンプル2	サンプル3	サンプル4	サンプル5
あなた					

好きなもの順に順位をつけてください

COLUMN　街頭調査のバイアス

実施上の特徴　選択は実施が容易なので，しばしば街頭調査などで用いられる．例えばテレビ番組などで，複数のサンプルを通行人に示して，気に入ったものにシールを貼ってもらうなどということがなされている．ただし，この実施方法は好ましくない．

- 後の人になるほど，すでに貼られているシールを見てしまい，多く貼られているところに貼れば間違いがないという同調性バイアス（p. 64）がはたらきやすい．結果，多く選ばれているものはより多く選ばれ，あまり選ばれないものはより選ばれないことになりかねない．
- シールを貼るときに，「それでいいですか？」など，実施者の何気ない一言や仕草があると，それが誘導として作用しやすい．
- ＺやＦの法則にみられるように，サンプルの提示順（並び順）も問題で，回答者が急いでいる場合ほど，並びの最初の項目が選ばれがちである．

・同調バイアスが入りやすい
・実施者の誘導（介入）が入りやすい
・並び順の効果が入る

パネルにシールを貼らせる「選択」の問題

回答者	サンプル1	サンプル2	サンプル3	サンプル4	サンプル5
1	1	2	3	5	4
2	2	1	3	4	5
3	1	2	4	3	5
4	5	4	3	2	1
5	4	5	3	1	2
順位合計	13	14	16	15	17
順位	1	2	4	3	5

図 8-1　評価者の嗜好傾向に群がある例

せいぜい6〜7サンプルが限界といわれている．

　あるサンプルの総合順位が抜きんでて高いのであれば，それが市場の支持であるといえるだろうが，そうともいえない場合には，順位の一致性検定で統計的に評価する．ただし，選択同様，相対評価でしかない点には注意が必要である．また，総合順位に違いがみられないからといっても，評価者はまったく反対の評価をするいくつか

の群に分かれている（市場の評価が割れている）場合がある．図 8-1 の例では順位合計に大差はなく，合計からは市場の傾向は明確に見いだせないが，回答者 1 〜 3 と，回答者 4 〜 5 は，逆の傾向をつけている．つまり，市場の評価は二分していることが窺われる

　(3)　一対比較　　サンプルから順次二つを選び出し，その二つについての優劣判定（勝ち負け評価）を繰り返す．これを多数の人に行ってもらい，勝ち点合計により，順位付けを行う．断トツがみられない場合には，一対比較の検定により，統計的に評価することができる．

好き嫌い：勝ち負け評価をしてください

　一対比較は二つのサンプルを比較するだけなので，その比較自体は楽であり，微細な違いを踏まえての評価も可能である．しかし，サンプル数が m の場合，$_mC_2$ の組合せでの評価を行うことになり，サンプル数が増えるほど評価が大変な作業になる．つけられた順位も相対評価である点には留意が必要である．

　(4)　格付け（評点付け）　　「好き−嫌い」についての評価段階をあらかじめ定め，各サンプルに対し評点してもらう．これを多数の人に行ってもらい，評定合計（評定平均点）により，サンプルに順位をつける．評定平均点の高いものが 1 位となる．

　他の手法と異なり「絶対評価」なので，受け入れられるかどうか，ということまで明らかとすることができる．つまり，5 段階評定であれば，最下位のものでも平均評定点が 3 点（どちらともいえない）を上回っていれば，市場には受け入れられる可能性がある．一方，最上位であっても，平均評定点が 3 点（どちらともいえない）未満であれば，市場に受け入れられる可能性は低い．

　格付けではサンプルが提示されるつど，点を与えればよいので，サンプル数がいく

次の尺度で評点を与えてください

つでも実施可能であるが，その人の格付け基準が安定していることが重要となる（つまり，同じサンプルであれば，違う日に評価をしても，常に同じ評点が与えられなくてはならない）.

　評価段階としては，5段階，または7段階が用いられることが多く，それ以上の段階を設定しても，違いをうまく点数付けできないといわれている. 分散分析が可能であり，サンプル間の違いと同時に，評定者間の違いも統計的に評価することができる.

8・3　格付けの活用

　格付けは活用範囲が広い. 特に，「好き/嫌い」といった評価の構造を明らかとし，より評価を高めるモノゴトの改善へとつないでいくことができる.

【例】　顧客は形容語で語る
　　「私が好きなのがいい」とはいわない.
　　そういわれても店員は困る.
　　人は自分の好みを形容語（感性評価用語）を使って表現する.
　　・少し派手なので，もうちょっと地味な感じがいい
　　・少し野暮なので，もっとスタイリッシュなのに
　　・冷たい感じなので，もうちょっと温かみのあるほうがよい
　　・くだけてるので，真面目な雰囲気に
　　・暗いイメージだから，もう少し明るい感じに
　　・スポーティーというより，もうちょっと落ち着いた感じに
　　・カジュアルすぎだから，もっとフォーマルな雰囲気のものを…

　（1）　**好き嫌いの表現**　　アパレルショップに行ってジャケットを選ぶとする．そのときに，店員に向かって「私がもっと好きなものがよい」とはいわない．「もっと明るいのがよい」「もう少しカジュアルなのがよい」などというだろう．つまり，「もっと」「もう少し」などという程度と，「明るい」「カジュアルな」などの形容語（形容詞や形容動詞）の組合せで自分の好みを表現している．その言葉を聞くと，店員はそれにふさわしい色や形の衣服を持ってきてくれる．

　このことからすると，次の仮定が推察される．

　仮定1：　「好き嫌い」という総合的な評価は，「明るい」「カジュアル」などの，より要素的な感性評価から総合される（図8-2）．つまり「好き嫌い」を被説明変数として，要素的な感性評価を説明変数とする重回帰式で表現できる．この回帰関係が分かれば，ウェイト（重み）の大きい要素的な感性評価をコントロールすることで，好き嫌いを積極的にコントロールできる．

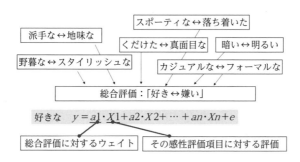

図 8-2　「好き」という総合評価は複数の感性評価項目から形成される

　仮定2：　「派手な」「カジュアル」などの感性評価は，色や形といった，具体的な物理的性状により形成される．そこでもし，ウェイトの大きい感性評価に影響を与える物理的性状が分かれば，その物理的性状を変えることで，「好き嫌い」を大きくコントロールできることになる（図8-3）．

　これら二つの仮定について，さらに詳しく検討してみよう．

　（2）　**総合評価に対して影響を与える感性要素を知る**

　①　**仮定1**

　・総合評価は複数の要素的な感性評価項目の評価から形成される．

　・総合評価に対して鋭敏に作用する（ウェイトの大きい）感性評価項目もあるし，そうではないものもある．

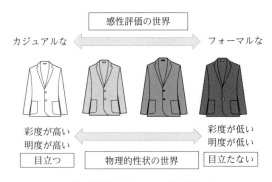

図 8-3　物理的性状が変わると感性評価も変わる

　・これらの関係性を重回帰式で表現できれば，どの感性評価項目を積極的にコント
ロールすれば市場に支持される商品となるのかが明らかとなり，商品開発に生かすこ
とができる．

　②　**準　備**：　できるだけバラつきのある複数のサンプルと，そのサンプルを形容
するのにふさわしい対になった複数の形容語を準備し，各サンプルに対して，その形
容語，および「好き嫌い」（総合評価）による格付け評価（例えば，5段階評価）を
行う．この評価をターゲットとする市場において多数の人に実施する．

　・「バラつきのある」とは，物理的性状が異なるサンプルを選ぶ，という意味であ
る．物理的性状が同様のサンプルであれば，同様の評価しか得られないので，複数準
備する必要に乏しい．

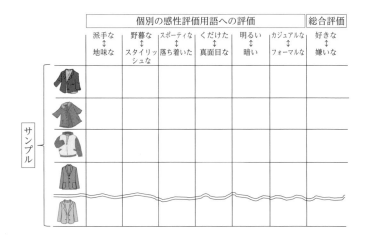

・「サンプルを形容するのにふさわしい」という意味は，例えばアパレルであれば，アパレルを形容するのにふさわしい言葉を選ぶ，ということである．「甘い」「苦い」などという形容語ではアパレルの評価に困惑してしまう．

・「対になった」とは，「明るい－暗い」など意味的に対になった尺度とする，ということである．

・各評価用語対について，各サンプルに対して評点を与える．

【例】

③ 分 析

・評定平均点とその分散を求める．

・個別の感性評価用語について，分散が大きく，平均評定点は中間点（5段階評定であれば3点）近傍の値を示した場合，その形容語ではサンプルをうまく評価できないことが意味されるので，以降の分析からは除外する．

【例】

ピンクの花柄の服であれば，おそらく全員が「明るい」「かわいい」などと評価するだろう（評点の分散が小さい）．しかし，「甘い」「苦い」などの評価用語であれば，人により受け止め方はさまざまだろうから，分散が大きく，かつ，平均評定点は中間点近傍の値を取るだろう．そうした形容語は，アパレルを評価するのには不適切ということになる．

・サンプルー形容語の平均評定点行列を求める（図8-4）．

・評定用語間の相関係数を求める（図8-5）．総合評価に対して相関係数の大きい形容語は，総合評価に対して影響力の大きい感性要素であると判断できる（図8-5）．

・さらに，総合評価を被説明変数とした重回帰式を求める．重回帰係数（総合評価に対するウェイト）が大きい個別評価をうまくコントロールできれば，好き嫌いも大きくコントロールできると期待される．

例えば，総合評価 Y（嫌いな↔好きな）が，次の重回帰式で説明できたとする．このとき，X_3，X_5 に該当する個別評価を改善するより，X_1，X_4 を改善するほうが効

個別の感性評価用語への評価							総合評価
派手な ↕ 地味な	野暮な ↕ スタイリッ シュな	スポーティな ↕ 落ち着いた	くだけた ↕ 真面目な	明るい ↕ 暗い	カジュアルな ↕ フォーマルな	好きな ↕ 嫌いな	
4.3	2.0	4.3	4.0	3.5	3.2	4.2	
1.7	2.0	1.5	1.3	2.3	1.8	1.8	
2.8	3.2	1.5	1.5	2.8	3.5	3.8	
4.8	2.0	4.7	4.8	4.5	4.5	4.7	
1.8	4.5	2.8	2.0	2.1	2.5	1.9	

（左端に「サンプル」の縦書きラベル）

図 8-4　サンプルー形容語の平均評定点行列（例）

n 人の評価者に評点をつけてもらったところ，表中の数値の平均評定点が得られたとする．

	派手な↔地味な	野暮な↔スタイリッシュな	スポーティな↔落ち着いた	くだけた↔真面目な	明るい↔暗い	カジュアルな↔フォーマルな	嫌いな↔好きな
派手な↔地味な	1						
野暮な↔スタイリッシュな	− 0.56	1					
スポーティな↔落ち着いた	0.85	− 0.32	1				
くだけた↔真面目な	0.93	− 0.46	0.98	1			
明るい↔暗い	0.96	− 0.61	0.80	0.91	1		
カジュアルな↔フォーマルな	0.86	− 0.22	0.64	0.75	0.88	1	
嫌いな↔好きな	(0.95)	− 0.47	0.66	0.78	(0.91)	(0.92)	1

図 8-5　相関係数行列（例）

総合評価（好きな ↔ 嫌いな）に対して高い相関を有する評価項目は，好き嫌いに大きな影響を与えることが窺われる．例であれば，"地味で暗め，フォーマルな雰囲気"が好まれることが示唆される．

果があることが窺われる．

$$Y = 1.49X_1 + 0.10X_2 + 0.01X_3 − 0.65X_4 + 0.01X_5 + \cdots − 0.22X_n + e$$

（3）　物理的性状との関係を探る

①　仮定 1

・物理的性状と感性評価との間には関係性がある．

・この関係性が分かれば，ある要素的な感性評価を左右させたいのであれば，物理

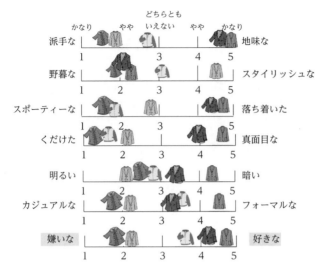

図 8-6 平均評定点をもとにサンプルを空間布置した例
例えば，全体に色の濃さが影響を及ぼしており，襟がしっかりしていることが「嫌い↔好き」に対して影響を及ぼしていることが窺われる．

的性状をどのようにコントロールすればよいかが分かる．

　・特に「好き嫌い」といった総合評価に大きな影響を与える感性評価について，それに影響を与える物理的性状が分かれば，市場に支持される商品の具体的な開発に活かすことができる．

　② **準 備：** サンプル−形容語の平均評定点行列を求める（図 8-6）．

　③ **分 析：**

　・各評価用語対の数直線上に，サンプルの平均評定点をもとに，サンプルを布置する．

　・物理的性状が似たサンプルが近傍に，逆の性状をもつサンプルが離れて布置されているはずである．そこで，近傍に布置されたサンプルの物理的性状の共通性，離れて布置されているサンプルとの相違性を考察することで，物理的性状と感性評価との関係を考察する．

8・4　感性デザインのための原則

　物理的な性状と主観評価（感性評価）との関係を丹念に求めていくと，好き嫌い

COLUMN　セマンティックディファレンシャル法

　総合評価を除いた要素的な感性評価用語について相関係数行列を求めると，相関の高い感性用語が存在していることがある．相関が高いということは，本質的に同じような意味の感性用語であることが意味される．

	派手な↔地味な	野暮な↔スタイリッシュな	スポーティな↔落ち着いた	くだけた↔真面目な	明るい↔暗い	カジュアルな↔フォーマルな
派手な↔地味な	1					
野暮な↔スタイリッシュな	− 0.56	1				
スポーティな↔落ち着いた	0.85	− 0.32	1			
くだけた↔真面目な	0.93	− 0.46	0.98	1		
明るい↔暗い	0.96	− 0.61	0.80	0.91	1	
カジュアルな↔フォーマルな	0.86	− 0.22	0.64	0.75	0.88	1

　事例であれば，「派手な↔地味な」「スポーティな↔落ち着いた」「くだけた↔真面目な」「明るい↔暗い」「カジュアルな↔フォーマルな」が相互に高い相関が示されており，スポーティでくだけた感じは，派手で明るい感じを与えていることが分かる．一方で「野暮な↔スタイリッシュな」は他の評価用語とは負の相関をもつもののさほど大きくはなく，独立した評価であることが窺える．スタイリッシュであっても，カジュアルでスポーティ，派手で明るいということにはつながらないことが分かる．
　なお，さらにこの相関係数行列を利用して因子分析を行うと，いくつかの因子が見つかるかもしれない．その因子は，サンプル（対象）に対する人の潜在的な評価の観点を表している．このようなプロセスにより潜在的な評価の観点を得ようとするのが，セマンティックディファレンシャル法（semantic differential 法：SD 法）である．なお，SD 法によると，対象にかかわらず一般に，E（評価，evaluation：対象に対する良し悪しなどの価値的な評価に関わる因子），P（力量，potency：対象の強弱などの性質に関わる因子），A（活動性，activity：対象の動的（ダイナミック）さといった性質に関わる因子）と呼ばれる三つの因子が得られることが多いという．すなわち，人はこの三つの潜在的な観点から対象を評価しているということである．

COLUMN　質問紙による感性評価の限界

　感性評価用語を用いて，サンプル（対象）を評価し，さらに重回帰分析を用いて「好き嫌い」に対する影響を評価することは，商品開発に大きな示唆を与えるが，説明変数の範囲でしか説明ができないことには注意しなくてはならない．つまり評価用語として何を選ぶのか，ということがポイントである．とはいえ，やみくもに評価用語を設定し，サンプルを評価してもらうのでは，評価者の負担が大きく評価への協力も得にくい．セマンティックディファレンシャル法で説明した E, P, A を網羅し，かつ，対象を形容するのにふさわしい用語を精選することがポイントとなる．

や，良し悪し，美しさなどについて，ある特徴が見えてくるかもしれない．そうした特徴を，デザイン原則やガイドラインとしてまとめれば，次からのモノゴトづくりの際に参考になる．つまり最初から，「良いモノは良い」と，ある程度，決めてしまってもよく，市場に対して，前節までに述べてきたような調査を行う必要がなくなる．調査を行っても，結局は原則やガイドラインと同じ答えしか出てこないからである．

【例】美しいと感じる図形の縦横比
　　次の四つのサンプルのうち，どれが一番良いだろう？

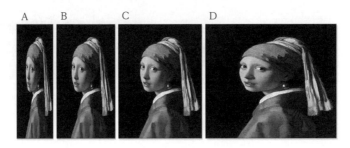

　おそらく，サンプルＣを美しいと感じると思う．仮に市場で調べても，サンプルＣの支持率が圧倒的に高いであろう．
　では，なぜ美しいと感じられるのだろうか？　物理的な性状に何か理由があるはずである．結論的にいうと，美しいと感じられる図形には共通の比率が見いだされる（図 8-7）．この比率を黄金比というが，サンプルＣは，その比率により少女の姿が

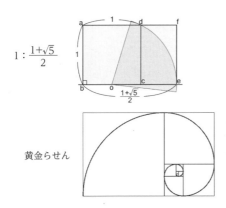

$$1 : \frac{1+\sqrt{5}}{2}$$

黄金らせん

図 8-7　黄金比：人が「美しい」と感じる比率

図 8-8　フェルメール
『真珠の耳飾りの少女』

COLUMN 黄金比

　図8-7で示した黄金比は，古来，美しいと感じられる美術品や工芸品に経験的に巧みに活かされている物理的な性状である．身近なところでも，本（A判サイズの紙），クレジットカードなどの日用製品は黄金比に従っている．

　人が美しいと感じる図形の原則は，黄金比だけではなく，白銀比（1：√2），左右対称（シンメトリー）など多くのものがある．また，図形だけではなく，色の調和であるとか，協和（調和）音，香りの調和，味の調和，肌触りやぬくもりなど，他の感覚においても原則が存在している．よい感情を与える物理的条件は，基本的に誰にとっても共通しており，だから「共感を呼ぶ」ということになる．

パルテノン神殿
（写真：Wikipedia）

描かれている（図8-8）．

　そうであれば，この縦横比でデザインすれば，市場から美しい，といわれると期待できる．つまり，改めて市場の評価を得る必要はなくなる．

COLUMN オノマトペ

　音を言葉で表した擬音語（ギーギー，ドカン），人や動物の発する声を表した擬声語（キャーキャー，ワンワン），物事の状態を表す擬態語（ぷっくり，ホカホカ）をオノマトペ（onomatopoeia）という．各国語に存在するが，日本語では特に多いといわれる．オノマトペを用いると商品の質感などが伝わりやすい．「もちもち」は「もちもち」としかいいようがなく，これを適度な弾力と反発があり…云々，などといわれてもかえって分からなくなる．またオノマトペを使うと，商品訴求性が増すといわれている．例えば食品であれば，ほくほく，ぽくぽく，しゃきしゃき，などといわれると，食感が伝わり，それが使われていない場合に比べて，購買意欲も増すと思う．ただ，べたべた，ギトギト，べちゃべちゃなどといわれると，イメージは湧くが購買意欲はそそられない．オノマトペにはポジティブなイメージを与えるものとネガティブなイメージを与えるものとがあるのである．

8·5 質問調査での結果の誘導排除

　モノやコトの好き嫌い，支持・不支持などを調べる質問調査では，質問項目の設計によっては，回答が誘導されてしまうこともある．特に以下には注意が必要である．

　（1）**選択肢の分割**　選択肢が多いほうが選択がしやすくなると考え，選択肢を分割すると，結果が違ってくる場合がある．実際，設問分割により，世論調査の結果は大きく影響を受けることが明らかとなっている[1]．

> 【例】**購買意識調査**
> 　この商品について，あなたの購買に関する意見をお聞かせください．
> （方式 A）
> 　　1　このままでも購買する
> 　　2　一部不満点が残るが，それが改善されれば購買する
> 　　3　購買しない
> （方式 B）
> 　　1　購買する
> 　　2　購買しない

　方式 A では，選択肢 2 は，一部不満があるものの基本的には購買（支持）が前提になっている．つまり購買する（支持）の設問が分割されていることになり，全否定する人のみが選択肢 3 を選択することになる．一方，方式 B では，一部不満がある人は，その人にとっての購買条件は未達であるから，「購買しない」を選択することになる．結果，方式 B では，一部否定と全否定の人が「購買しない」を選択することになるから，「購買しない（不支持）」の割合は高くなる．

　方式 A，B は一長一短があり，調査の目的次第である．新商品開発の途上において，基本的に市場は受け入れてくれるのか，ということを知りたい場合には方式 A で尋ね，「一部不満点が残るが，それが改善されれば購買する」を選択した人に対しては，その不満点を追加質問で教えてもらうことがよいだろう．しかし，あるでき上がった商品の発売の決断ということになれば，買ってもらえなければ仕方がないので，方式 B によりストレートに尋ねる方がよいだろう．

　（2）**質問の仕方**　質問の仕方により，質問者の質問意図が反映してしまい，回

1）　山田歩（日本認知科学会 監修）："選択と誘導の認知科学"，新曜社（2019）.

答者の回答態度が影響を受けてしまう場合がある.

【例】複数のサンプルがある場合の順位付け
（方式 A）嫌いな順に並べてください
（方式 B）好きな順に並べてください

　理屈的にいえば，両者の結果（サンプルの並び順）は同じになるはずであるが，方式 A では，「嫌いなもの」について慎重に判断し，逆に方式 B では，「好きなもの」を慎重に判断するだろう．サンプル数が多くなるほど，その傾向は顕著に現れると考えられる．結果，方式 A では好きなものの判断が，方式 B では嫌いなものの判断が曖昧になる．つまり，順位が低い側の並びは信頼が置けるとは限らないことになる．質問者が「好き」「嫌い」のどちらを厳密に知りたいのか（問題視したいのか）により，設問方式を変えるべきである．

【例】質問の暗黙の誘導
（方式 A）　このシステムは使いにくいと思いますか？
　　1　とても使いにくい
　　2　やや使いにくい
　　3　どちらともいえない
　　4　やや使いやすい
　　5　とても使いやすい
（方式 B）　このシステムは使いやすいと思いますか？
　　1　とても使いやすい
　　2　やや使いやすい
　　3　どちらともいえない
　　4　やや使いにくい
　　5　とても使いにくい
（方式 C）　このシステムについて評価して下さい
　　1　とても使いにくい
　　2　やや使いにくい
　　3　どちらともいえない
　　4　やや使いやすい
　　5　とても使いやすい
（方式 D）　このシステムについて評価して下さい
　　1　とても使いやすい
　　2　やや使いやすい

　　3　どちらともいえない
　　4　やや使いにくい
　　5　とても使いにくい

　これらも理屈からいえば，同じサンプルに対する同じ人の選択は同じになるはずである．しかし，方式 A では「使いにくい」，方式 B では「使いやすい」との前提に立ってしまっているので，それぞれその前提に沿った回答が誘導される可能性が出てくる．また方式 C，D は設問自体は中立だが，こんどは選択肢の並び順が，質問者の意図を暗示してしまう可能性がある．

　ただし，これらも質問の利用目的次第であり，「使いにくい」という問題をより顕在化し厳しく評価していきたい，ということであれば，方式 A で尋ねるのがよいだろう．また，購買者が基本的に受け入れてくれているのかを知りたい，ということであれば，方式 B の調査ということになるだろう．

演習問題

1. 製品開発における感性評価の実施例について調べてみよ．

2. ある食品メーカーは，味の異なる若者向けの饅頭の試作品を 10 個つくった．そのどれを発売すればよいか，市場の意見を聞いてみようという話しになった．どのような検討を行えばよいか，検討計画（検討実施案）を立ててみよ．またそれを実際に実施したときの問題点を考察してみよ．

3. 本書にならって，任意の複数のサンプルについて，複数の評価用語を定めて評価してみよ．結果を本書にならって分析してみよ．さらに，それらのサンプルに関して自分の感性や嗜好について考察してみよ．

4. 身近なところで，黄金比，白銀比が存在しているモノを探してみよ．

9

製 品 安 全

　モノ（製品）の利用中に事故が生じることがある．事故の原因には，「設計起因」「製造起因」「使用起因」がある．回路設計が不適切で電気機器が火を噴いた，というのは設計起因．製造不良があり火を噴いた，というのであれば製造起因である．使用起因とは，スイッチの切り忘れなど，使用者の不注意といわれるタイプのものである．本章では，この使用起因に焦点をあて，安全な製品づくりについて検討する．

9・1　使用に関わる事故

　（1）**使用に関わる事故**　　「設計起因」「製造起因」は，メーカ責任であることに異論はないであろう．一方，「使用起因」の事故はどうだろう．次の事故は，どう思うだろうか．

> **【例】自転車事故**
> 　自転車で走行中，ハンドルが急にロックし，転倒し負傷した．原因は，使用者が走行中に，ハンドルロックのボタンを作動させてしまったためであった．調べてみると，運転中に偶発的に触れる位置にボタンがあり，軽く触れるだけで作動してしまうものであった．

　メーカからすれば，使用者が注意して利用していれば起こり得ない事故，つまりユーザの誤使用事故であるから，責任はないというかもしれない．一方，ユーザからすると，ロックボタンは軽く触れるだけで作動してしまい，しかも運転中に偶発的に触れる位置にあるのが問題で，それに触れないよう常に注意しているなどということは運転中には無理であるから，そのようなロックボタンを設計したメーカに責任があると思うかもしれない．

（2）**製造物責任法**　製造物責任法（Product Liability Act：PL 法）では，製品事故に対する責任を次にように定めている（一部抜粋）.

「第三条　製造業者等は，その製造，加工，輸入，…をした製造物であって，その引き渡したものの欠陥により他人の生命，身体又は財産を侵害したときは，これによって生じた損害を賠償する責めに任ずる.」

つまり，製品の欠陥により事故が生じたのなら，メーカらはその責任を負うということであり，裏返すと，メーカらは欠陥製品を引き渡してはならない，ということになる.

では，欠陥とはどういうことか，が問題になる.

「第二条 2　この法律において「欠陥」とは，当該製造物の特性，その通常予見される使用形態，その製造業者等が当該製造物を引き渡した時期その他の当該製造物に係る事情を考慮して，当該製造物が通常有すべき安全性を欠いていることをいう.」

このことからすると，製品事故を避ける（安全な製品を提供する）ためには，メーカは，当該製品の「通常の使用形態」を予見し，それを前提としたうえで，製品をつくる必要があることになる.

（3）**通常の使用形態とは？**　ユーザの使用形態は，図 9-1 のように整理される.

・正しい使用：そのものの本来の用途用法に従った使用. 取扱説明書に書いてある通りの使用.【例】　椅子に座る

・異常な使用：誰の目から見ても，それはおかしい，と思われる使用. 公序良俗に反するような使用.【例】　喧嘩のときに椅子を振り回す

・あり得る使用：正しい使用とはいえないが，とはいえ，異常ともいえない使用. そういうことも日常生活であるよね，というような使用.【例】　椅子を踏み台に使う

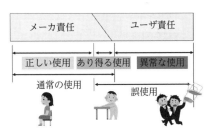

図 9-1　ユーザの使用形態

　正しい使用をしているにもかかわらず事故が生じたら，それはメーカ責任といえるだろう．一方，異常な使用で事故が生じたのなら，それはユーザ責任ということにも異論はないであろう．問題は，あり得る使用である．メーカからすると，「正しい使用」以外は「誤使用」であり，それはユーザ責任，といいたくなるかもしれない．しかし PL 法では，「誤使用」ではなく，「通常の使用」といっている．結論的にいうと，「通常の使用」とは，「正しい使用」と「あり得る使用」を合わせた部分と解釈される．

　つまり，メーカにおいては，「正しい使用」のみならず，「あり得る使用」も予見し

COLUMN　製造物責任の裁判

　正しい使用をしていて事故が生じた場合に，使用者とメーカとが裁判で争うことはまずない．それは 100 ％メーカ責任だからである．使用をめぐる製造物責任訴訟は，その使用者の使用は，通常か異常か，ということで争われる．使用者（被害者）からすれば，自分の行っていたことは「あり得ること」であると主張し，メーカからすると，あなたの行っていたことは異常である，という主張になる．和解できなければ，最後は裁判所が個々の事情に応じて異常かあり得るかを判断することになる．

COLUMN　製品事故をめぐる企業責任

　事故を生じさせた企業やその関係者は，四つの責任を負う可能性がある．

　民事責任：民法に基づき，損害賠償責任を負う．なお，製造物責任法は民法第 709 条（不法行為責任）の特則である．

　刑事責任：死傷事故が生じていることを知りながら，何ら対策を取らず，新たな死傷事故を招いた場合，責任者は業務上過失致死傷罪などの刑事責任に問われることがある．

　行政責任：製品回収命令（危害防止命令），営業停止命令，事業改善命令などが行政当局から発出される場合がある．

　社会的責任：社会の一員としての企業のあるべき姿が果たされず，信頼できない企業として社会から指弾され，企業価値が下落する．より端的にはその企業の製品は購買されなくなる．

COLUMN　製品事故の報告義務：消費生活用製品安全法

　いわゆる日用品などの消費生活用製品で事故が生じた場合，それを早期に捕捉して迅速な対応を取らないと，量産品であればあるほど，被害が拡大してしまう．そこで消費生活用製品安全法では，「消費生活用製品の製造又は輸入の事業を行う者は，その製造又は輸入に係る消費生活用製品について重大製品事故が生じたことを知ったときは，知ったときから 10 日以内に，当該消費生活用製品の名称及び型式，事故の内容並びに当該消費生活用製品を製造し，又は輸入した数量及び販売した数量を内閣総理大臣に報告しなければならない（消安法第 35 条第 1 項及び第 2 項）」と報告義務を定めている．報告された事故は，消費者庁から公開されている．また重大事故ではない事故については，独立行政法人製品評価技術基盤機構が収集し，公表している．これらは安全な製品づくりにおいて，たいへん有益な情報になる．

て安全な製品をつくる必要が生じる．先の自転車の例であれば，通常の走行中に，ロックボタンに偶発的に触れてしまうことが「あり得る」のであれば，その自転車は「欠陥」となる可能性がある．裏返していうと，メーカはロックボタンの偶発的接触の可能性を考慮したうえで安全な自転車を設計する必要があることになる．

9・2 リスクと安全

（1）**安全とリスク**　安全とは一般に，「許容できないリスクがないこと（freedom from unacceptable risk）」（ISO/IEC GUIDE 51:2014）とされ，安全にするとはリスクを許容できるレベルにまで下げること，と理解されている．この考え方は製品安全にも当てはまる．

ここでリスクとは一般に，危害（ハザード）の大きさ（ひどさ）と，その危害に遭遇（危害が発生）する可能性（確率）の一種の積として概念づけられる．

リスク ＝ ハザードのひどさ × ハザードの発生確率

例えば図 9-2 は，リスクが大きい状態である．危害の大きい動物（ライオン）が存在し，かつ，それが何ら管理されることなく，その近傍に子どもが位置するためである．大きな事故が起こる可能性が高く，とても安全な状態とはいえない．では，この状態を「安全にする」にはどうすればよいだろうか？

図 9-2　リスクが大きい状態

（2）**リスクを下げる＝安全にするには？**　結論的にいうと，リスクを下げる対策は次となる（図9-3）．

- ハザードに対するはたらきかけ
  - ① ハザードを除去する：ライオンは飼わない
  - ② ハザードのひどさを緩和する：飼うのであれば子ネコとする
- 発生確率に対するはたらきかけ
  - ③ ハザードを隔離する：ライオンを檻に入れる，十分な距離を取る
  - ④ ハザードを制御する：ライオンに綱をつける

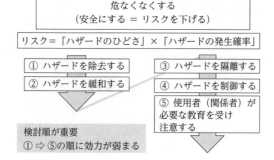

図 9-3 リスク論に基づくリスク低減（＝安全）への考え方

⑤　当事者が注意する：ライオンの取扱い方を身につけ，動静に注意を払い，興奮させるようなことはしない

①～⑤がリスク低減活動である．

①～⑤の順に，安全への効力が下がることは直感的に理解できる．特に当事者の注意については，疲れや焦り，気の緩みにより抜け（ヒューマンエラー）が出かねず，心もとない．これらからすると，製品安全も含めて，リスク低減への検討は，この順に従ってなされるべきであり，使用者の注意は，

COLUMN　本質的安全と機能安全

図 9-3 で示したリスク低減策のうち，①と②（ハザードの除去，緩和）は，問題視すべき事故の起こりようがなくなるので，本質的安全となる．③と④（ハザードの隔離，制御）は機能安全といわれる．これは安全を確保する特別の機能を導入して，許容できるレベルのリスクを確保することである．ストーブに対する柵のように物理的に達成されるものと，ロボットなどシステム機器では論理的に安全が保障される作動アルゴリズムとするものとがある．

COLUMN　リスクの定義

「ISO/IEC GUIDE 51：2014（Safety aspects — Guidelines for their inclusion in standards：安全側面－規格への導入指針（JIS Z 8051：2015））」では，リスクを「ハザードから生じ得る危害の発生確率およびその危害の度合いの組合せ」と説明し，「発生確率には，ハザードへの暴露，危険事象の発生，および危害の回避または制限の可能性を含む」と説明している．
　この考え方は機械類だけでなく，他の事象にもあてはまる．例えば，台風を考えてみる．
・大型台風であるほど危ない（危害の度合いが大きい）．
また，発生確率に関しては，次のように理解できる．
・台風が何度も発生するほど危ない（発生頻度が多い）．
・台風の動きがゆっくりなほど危ない（暴露時間が長い）．
・台風が襲来したときに避難所に逃げられないほど危ない（回避の可能性）．
・弱い建物に住んでいるほど危ない（制限の可能性）．

COLUMN 子ども製品のリスクとハザード

子ども製品（遊具）では，教育的価値がある危なさをリスクといい，教育的価値がまったくない危なさをハザードいうことがある．例えば，登り棒の高さはリスク．滑り台の滑面から飛び出した釘はハザードである．前者は着地の際に足をくじくかもしれないが，くじかない降り方を学ぶという教育的側面がある．後者はただ危ないだけであり，完全に排除されなくてはならない．ただし，リスクであっても，死亡や後遺症につながるような重大なリスクは許容されないのはいうまでもない．

その人が対応できる程度のハザードについての最後の手段に限定されるものといえる．

9・3 リスク低減へのプロセス

（1）**リスクアセスメントのプロセス**　安全を検討するプロセスをリスクアセスメントのプロセスという．一般製品を想定して，図 9-4 に示す．

（2）**Step 1　通常の使用の同定**

①　**使用限界：**　使用に関わる事故についてみると，メーカは最低限，正しい使用は想定し，そこにおいての安全は保障している「はず」である．それを超える使用がなされるから事故が生じるといえる．

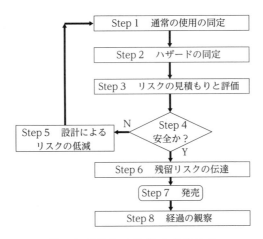

図 9-4　リスクアセスメントのプロセス
本書では JIS B 9700：2013（ISO 12100：2010）「機械類の安全性－設計のための一般原則－リスクアセスメント及びリスク低減」に基づき，表現を変えて説明する．

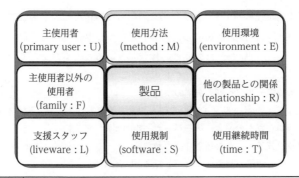

区　分	説明（「自転車の場合の正しい使用」の想定例）
主使用者 (U)	その製品を使用するユーザ （中学生以上の体調良好な男女．ふらつきのない直線走行と，とっさのブレーキ操作ができる人．体重 65 kg）
主使用者以外の使用者（F）	副次利用者，その場に居合わせる同席者 （チャイルドシートに乗せられた幼児．歩行者）
支援スタッフ (L)	メーカの説明員や説明書，販売店員，保守点検員など （コールセンター説明員，附属説明書，自転車店店員，自転車整備士）
使用方法 (M)	その製品の使用方法 （メーカ，業界団体，警察などが指導する自転車の正しい乗り方）
使用規則 (S)	規則，規格，基準，法令など （自転車安全基準，JIS，道路交通法）
使用環境 (E)	使用される物理的な環境や利用条件 （アスファルト路面）
他の製品との関係 (R)	同時に使用される他の製品 （チャイルドシート，ベル，ライト，25 kg までの荷台荷物）
使用継続時間 (T)	その製品が使い続けられる一連続時間，次の点検までの期間，製品寿命 （連続乗車は数時間，点検は 1 年ごと，寿命は 10 年程度）

図 9-5　正しい「使用」において想定すべきこと

　実際に生じた製品事故を分析すると，その多くは図 9-5 に示される八つの条件[1]のいずれかについて，メーカの想定を超えている．そこで，まずはこれらについて「正しい使用」条件を明確にする．

　② **どうやって「あり得る使用」を予見するか？**：　少なくとも図 9-5 に示した8 条件について「あり得る使用」を予見する．その方法としては，次がある．

1）　小松原明哲：人間生活工学，**10**(1)，36（2009）.

（ⅰ） **過去の事故例の利用**：当該製品と類似した特徴をもつ他製品での事故例を参照する．ここで「当該製品と類似した特徴」という意味は，同種製品ということだけではなく，生活者から見たときの同種の性状，ということも含まれる．

【例】ジェルボールタイプの洗剤の誤食
　　幼児がジェルボールタイプの洗剤を誤食する事故があった．同種事故に，プラスチック製消しゴムの誤食，スーパーボールの誤食（窒息）などがある．良い匂いがする，ゼリー菓子のような色彩，弾力がある，数センチのサイズであるなどの性状（スキーマ）は，幼児の誤食につながる要素といえる．

（ⅱ） **実態観察**：モニター家庭などの協力を得て，当該製品の使用されている状況を，図9-5をチェックリストとしながら観察する．あるいは当該製品の使用状況の写真やビデオを撮ってもらう．

　この方法は使用実態を知るうえでたいへん参考になるが，調査コストがかかるのが難点である．また往々にして，調査に協力いただける家庭は，相応に安全意識が高く，製品を「正しく」使用していたり，訪問や写真撮影に際して，きれいに片づけてしまい，あり得る使用実態が隠されてしまうことがある．

（ⅲ） **推　察**：実態調査が行えるとしても，あらゆるタイプの生活者のもとに伺うことは困難である．その場合，「ペルソナ」(p. 183参照）をつくり，図9-5に示した8条件を意識しながらあり得る使用シナリオを推察する．

【例】
　　普通自転車の使用者として，図9-6のようなペルソナはあり得ると思う．では，このペルソナは，どのようなあり得る自転車の使用（シナリオ）があるだろうか？

山田太郎さん（79歳）

・東京都西多摩郡の丘の上の住まいに一人暮らし．
・定年退職後，悠々自適の生活を過ごしている．
・子ども夫婦がたまに孫を連れて遊びに来る．
・駅の近所のスーパーに毎週，自転車で1週間分の
　生活用品や食材などの買い物に出かける．
・身体能力は年齢相応．

区　分	あり得る使用シナリオの例
主使用者	・ブレーキやハンドル操作に手間取り，転倒しようになる ・障害物をうまくかわせない ・スーパーからの帰りの登り坂を自力走行できずに手で押して上る

（つづく）

区　分	あり得る使用シナリオの例
主使用者以外の使用者	・遊びに来た孫を荷台に乗せて走る ・ゆっくり走行なので，他の自転車や自動車に追い越される
支援スタッフ	・販売店が近隣になく点検や修理が行われていない
使用方法	・タイヤの空気が抜けたまま走行している ・荷台や前かごに荷物を山のように積んで走行する ・他の自転車や自動車が後方から接近してきているのに気づかず道の真ん中を走る，ふらふら右に寄っていく
使用規則	・赤信号や一時停止を無視して走る
使用環境	・凍結路やぬかるみ道を走る
他の製品との関係	・荷物を入れるために，荷台に段ボール箱を括り付けている
使用継続時間	・購買以来，点検をしていない．10 年以上乗り続けている

COLUMN　子どもの行動と安全

　製品使用に関わる子どもの事故は，マスコミにも取り上げられ，社会的に強く指弾されることもある．玩具や遊具，学用品など子ども向けの製品をつくっている会社はさすがに子どものあり得る行動について知見を有しているだろうが，「大人向けの製品」「公共製品や住宅設備機器など大人も子どもも使用する製品」のメーカでは，子どもの行動に知見を有していない場合もあり，設計者からすれば“想定外”の製品事故が生じることもある．前者であれば，前述したジェルボールタイプの洗剤の幼児の誤食，後者では海浜公園で，手すりをすり抜けての子どもの海面落下事故があった．子ども向け製品ではない製品であるほど，同席者，あり得る主使用者として，子どもを想定しておく必要がある．

COLUMN　予見力を高める

　ペルソナからあり得る使用を予見（予知）するためには，予見力が必要である．予見力を高めるには，危険予知訓練（Kiken Yochi Training：KYT）が有益である．KYT では，産業場面や生活場面のシーンをイラストに示し，「あり得る状態」「あり得る行為」「その結果どうなる」「だからこういう対策を講じる」と四つのステップ（4 ラウンド）で対策まで考えていく．予見力を高めるには，特に対策以前の三つのステップが重要となる．同じイラストを何人かで見たとき，他の人が予見できているにもかかわらず自分が予見できていないことがあれば，それは予見漏れ，想定外ということになり，そこで事故がもたらされることになる．

あなたはビールを荷室にしまおうとしている

KY シートの例

全身振動

不自然な操作姿勢を
余儀なくするインタフェース

空隙

誤操作を誘発する
インタフェース

突き刺し

からまり

製品が有する可能性のあるハザードの種類例（事故の起因源となり得るもの）

区　分	ハザードの例
機　械	押しつぶし，からまり，突き刺し，せん断，空隙，閉鎖動をする空隙，引き込まれ，摩擦，切断，衝撃，高圧流体噴出，寸法，重量
電　気	高圧，電撃，放熱，静電気
熱	高温，低温，放射熱
音	騒音，低周波音，衝撃音
振　動	全身振動，局所振動
放　射	電離放射線，紫外線・赤外線，レーザー
生物・化学・材料	有害物質，重大なアレルギをもたらす物質，粉じん，可燃ガス，毒性のあるガス，酸欠，微生物，ウイルス，はなはだしい不快臭
設　備	不自然な操作姿勢を余儀なくするインタフェース，誤操作を誘発するインタフェース

**図 9-6　チェックリストを用いながら当該製品に存在するハ
ザードを丹念にチェックしていく**

　（3）**Step 2　ハザードの同定**　　製品に内包される事故の起因源になり得るハ
ザードを同定する.

　① **明らかなハザード（obvious hazard）：**　その製品が明らかに有するハザー
ドを漏れなくチェックする（図 9-6）. 機械の安全性に関わる ISO 12100 などにも
チェックすべきハザードが示されているので，これらを参考にしたチェックリストに
して用いるとよい.

　③ **隠れたハザード（hidden hazard）：**　その製品を眺めただけでは看取できな
いが，実際に製品を使用することで発現するハザードがある（図 9-7）. 当該製品の
使用のされ方を考えることで見いだしていく[2].

---

2 ）　H. Altiyare, A. Komatsubara：日本経営工学会論文誌, **67**(4E), 319（2017）.

足を滑らせ固い床面に激突する事故
　← 高所に人が位置することがハザード

入浴剤によりお湯が濁って浴槽床が確認できずに転倒する事故
　← 濁ることで足元確認ができないことがハザード

お掃除ロボットが, バッテリー切れやゴミ巻込みなどで
非常口前で停止し, 火災時に避難妨害する事故
　← 作動中に停止してしまうことがハザード

図 9-7　使用に伴い発生するハザード (hidden hazard)

(4)　Step 3　リスクの見積もりと評価　　図9-8のようなリスクマトリックス
を使って, どのくらい「危ない」のか?　つまり, リスクを見積もる.
　「ひどさ」「発生確率」の基準は, あらかじめ定めておく. 表9-1, 表9-2にその
例を示す. PL法では「他人の生命, 身体又は財産を侵害」といっているので, 経済

		ひどさ			
		致命的 catastrophic	深　刻 serious	中程度 moderate	軽　微 minor
発生確率	確定的 very likely	High	High	High	Medium
	起こり得る likely	High	High	Medium	Low
	起こりそうにない unlikely	Medium	Medium	Low	Negligible
	起こり得ない remote	Low	Low	Negligible	Negligible

High：高い, Medium：中程度, Low：低い, Negligible：無視できる.

図 9-8　米国工作機械の安全性に関する規格
[ANSI B11.0.TR3 Risk Assessment Matrix に基づく]

COLUMN　周辺に目を向ける

製品事故の多くは目が行き届きにくい周辺で起こる. 具体的には次である.
・その企業の主要事業ではない周辺事業の製品
・電気製品であれば電気以外の生物や化学など, その製品においては周辺的なハザード
・使用準備, 保管, 廃棄などの周辺的な使用

表 9-1 「ひどさ」の判断基準の例

程　度	判断基準の例
致命的	死亡事故や後遺症の残る負傷をもたらす 火災，爆発などをもたらす 周辺のモノを故障させ，使用不能にさせ，廃棄を余儀なくさせる /多額の費用を要する修理が必要となる
深　刻	長期の入院を余儀なくさせる 複数の負傷者が生じる 周辺のモノに傷をつけるなどの被害を与える
中程度	通院が必要ではあるが，治癒可能な軽微な負傷 周辺のモノに再設定を要するトラブルが生じる
軽　微	その場で消毒をしたり，絆創膏を貼ることですむ程度の負傷 不愉快な思いをさせる事態

表 9-2 「発生確率」の判断基準の例

程　度	判断基準の例
確定的	正しい使用をしていても必ず起こる/頻発する 利用期間に確実に起こる 利用者の多くが起こす
起こり得る	あり得る使用において起こる 利用期間において起こることがある 利用者の中には起こす人もいる
起こりそうにない	あり得る使用においても起こりそうにない 利用期間中において起こりそうにない あり得る利用者においても起こりそうにない
起こり得ない	故意に異常な使用をしない限り起こり得ない 製品寿命にいたるまでの期間において起こり得ない

的な損害についても取り上げるのがよい．判断基準は対象としている製品の種類や特性，メーカとしての考え方に基づき定めればよい．例えば，「ひどさ」において「不愉快な思いをさせる事態」は，製品安全上は考慮する必要はないだろうが，不評，不購買というリスクを負うことになりかねない．そこまでを考慮するのであれば基準に入れるべきである．

　(5) **Step 4　安全か？**　　リスクが High と判断されるものは，とても危なくてそのまま市場に出すことはできない．Medium，Low であっても，致命的，深刻な事態は生じ得る（または中程度や軽微な事故は多発する）ので，これらもそのまま発売することはためらわれる．これらは安全な製品とはいえないので，「Step 5　設計

によるリスクの低減」へと進む．ただし，Negligible と判定されても，いくつかの
留意すべき事項がある．

① **時代とともに変わる：** 危害のひどさや発生確率に対する評価は時代とともに
概して厳しくなる．また，その国の諸事情により，異なる場合がある．Negligible
と判定されても，今後もそれが維持されるとは限らない．

> 【例】1980 年代の扇風機
>
> 網の隙間から指を突っ込み，高速で回転する羽根により指を傷めたり，長い髪が巻き込まれ痛い目にあってしまうことは考えられることである．現代の感覚であれば，おそらく，ひどさは中程度，確率は起こり得ることであり，リスクは Medium と評価され，このままではとても発売はできないだろう．
>
>
>
> しかし往時は，指や髪が巻き込まれたときのひどさは大したことではなく，使用者が注意することで回避できることなので，ひどさは軽微，確率は "起こり得ない" ことであり，リスクは Negligible と判断されていたのたかもしれない．

② **一般消費者のリスク認知は専門家とは異なる：** そのハザードに「恐ろしさ」
と「未知性」があればあるほど恐ろしいと知覚され，ひどさは過剰に評価される．特
に，専門的知識のない一般消費者であればあるほど，リスクをより厳しく評価する傾
向がある

> 【例】電子レンジの危なさ
>
> 電子レンジで食品を加熱すると，食品に電磁波が残留し，それを食べた生物に悪影響を及ぼす．実際，電子レンジで加熱した餌を 10 匹のネズミに与えたところ，全頭，死んでしまった．だから電子レンジは使うべきではない

これは都市伝説的に流布しているものだが，どう思うだろうか？ 照射後の電磁波
が食品中に残留することはあり得ず，また生物はいずれ死ぬものだし，対照実験もな
されていないので食品と死との因果関係はまったく立証できていないのだが，そう説
明しても不安を隠せない人は意外と多い．電磁波が残留するといわれ（未知性），全
頭，死んだなどといわれると（恐ろしさ），不安に思うのは確かだろう．結果，科学
的，技術的には安全でも，社会的には受けいれられないということになる．これに対
して，メーカがいくら専門の観点から説明しても，「専門用語で人をだますな！」と
いわれてしまうこともある．丁寧なリスクコミュニケーションが必要になる．

(6) **Step 5　設計によるリスクの低減**　　リスクアセスメントの結果，その製品のリスクが受け入れられないと判断されたら，リスク低減のための設計対応がなされなくてはならない．これは，図9-3で示したリスク低減の考え方に基づき，本質的安全，または機能安全によりなされる．

（ i ）　**本質的安全設計**

（a）　ハザードの除去：ハザード自体を取り除く

【例】
　　・電気製品であれば，電動でなくする．これにより感電の危険は完全に除去される．
　　・製品筐体の鋭利な部分を完全に取り除く．

（b）　ハザードの緩和：ハザードのもつ"ひどさ"を低減する

COLUMN　安全に壊れる

　ガラスのコップは落としたときに鋭利なガラス片として粉々になるのではなく，手を切りにくい形で割れたほうがよいだろう．つまり，モノの破損はあり得ることであるが，そうした事態においても重大なハザードが生じないように壊れるように設計することも，安全対策の一つである．事故の二次被害を緩和する本質的安全設計の一つといえるだろう．

【例】
　　・電気製品は感電の危険がない低圧電源で駆動するようにする．
　　・製品筐体の鋭利な部分を丸くする．

　ハザードが除去，緩和できれば事故は生じようもなくなる．しかし，ハザードが便益を提供している例が多い．電気（ハザード）があるから電気製品として役立つのであり，電気をなくしては何の便益も得られない．つまり安全のためとはいえ，ハザードの除去，緩和はできないことになる．この場合には，機能安全を考える．

（ ii ）　**機能安全設計のやり方**

（a）　ハザードの隔離①：ハザードと人との接触を排除する

ハザードに接触しないように，ハザードを隔離する（あるいは使用者を隔離する）．

【例】
　　・ストーブには柵（安全柵）をつける．
　　・電気製品の充電部を絶縁テープで幾重にも覆う．
　　・池の周りに柵をつくり，立ち入れなくする．

（b）　ハザードの隔離②：安全確認型起動システムとする

COLUMN　安全距離

　安全柵をつけたとしても，隙間をすり抜けてしまっては意味がない．すり抜けのない隙間幅としなくてはならない．身体はすり抜けなくとも，手や腕などの身体の一部がすり抜けてしまうのであれば，ハザードまでは届かない距離（安全距離）に柵を設けるしかない．基準値は，例えばJIS B 9711：2002（機械類の安全性－人体部位が押しつぶされることを回避するための最小すきま）などに示されている．安全距離は当該身体部位に関してユーザの99（95）パーセンタイル以上の距離とし，指の隙間幅であれば1（5）パーセンタイル未満の指の太さでも入らない幅とし，それぞれに余裕をもたせて設定される．

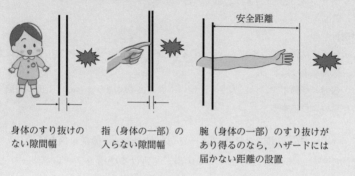

身体のすり抜けの　　　指（身体の一部）の　　　腕（身体の一部）のすり抜けが
ない隙間幅　　　　　入らない隙間幅　　　　　あり得るのなら，ハザードには
　　　　　　　　　　　　　　　　　　　　　届かない距離の設置

　電子レンジの扉が開いたままで作動すると，付近の人がマイクロ波を浴びることになってしまい，たいへん危険である．洗濯脱水機であれば，扉が開いたまま作動すると，指が巻き込まれる恐れがあり，危険である．どうすればよいだろうか？　二つの方式が考えられる．

・危険検出型システム：扉が開いていること（危険状態）を検出して，作動を停止させる．

・安全確認型システム：扉が閉じていること（安全状態）を検出して，機器を作動させる．

COLUMN　安全要素の寿命

　製品は一般に，「機能要素」「安全要素」「装飾要素」から構成される．自転車であれば，ハンドルやサドルは機能要素，ブレーキは安全要素，趣味で貼り付けた素敵なシールは装飾要素である．ここで，安全要素は，機能要素に比べて長寿命に設計しなくてはならない．人は，安全要素が壊れても，機能要素が作動すると使ってしまいがちだからである．自転車もタイヤ（機能要素）がパンクしたら自転車屋にすぐに行くだろうが，ブレーキ（安全要素）が不具合でも，ごまかしながら乗ってしまうかもしれない．

　危険検出型では，危険状態を検出するセンサーが故障したときには，扉を開けると
ハザードがむき出しになってしまうため，安全機構としては認められない．安全確認
型ではセンサーが故障しても機器は作動せず，安全状態は保たれているので，安全機
構として認められる．

　(c)　ハザードの制御：ハザード操作のためのインタフェースを使いやすくする

　ハザードを人がコントロールする場合，正しい状態でハザードが作用するように，
インタフェースを人間工学的に使いやすくする．

【例】
- 包丁では柄を握りやすく，滑らないようにすることで，刃物（ハザード）を正しく
扱えるようにする．
- 機器の作動ボタンは，大きく，他のボタンとの間隔も十分あけて押し間違いが生じ
ないようにする

　(d)　ハザードの制御：フールプルーフ（fool proof）機構を搭載する

　偶発的接触による起動（ハザードの出現）を避ける機構をフールプルーフという．
この機構を適切に搭載することで，あり得るうっかりミスによる事故を防ぐ．

【例】
- 温水混合水栓では，熱水（大きなハザード）を得るときには，赤いボタンを押し込
まないと作動しない．偶発的な熱水吐出を避けることができる．

　　　　　　━ 赤いボタン

　　　　　フールプルーフの例
　　　　　熱水を出すときには，赤いボタ
　　　　　ンを押し込まなくてはならない

　(7)　Step 5 から Step 1 へ戻る　　安全対策を講じると，それにより通常の使用
方法が変わってしまい，新たな危険が生じる場合がある．「リスク対策は新たなリス
クを生む」という格言があるほどである．特に安全装置は過信されてしまうこともあ
る．そこで，設計によるリスク低減の対策後，Step 1 の通常の使用の同定に戻る．

【例】
　ガスレンジに異常高温検知によるガス遮断装置を搭載したところ，自動消火される

COLUMN タンパープルーフ，チャイルドプルーフ

　電気製品などでは，素人が不適切な修理をしてしまうときわめて危険である．そこで，専門技術者以外が修理できないよう，特殊工具を使わなければカバーを開放できないようにしたり，一般の人には分からない分解手順とするなどの工夫がなされている．こうしたことは製品安全の一つのテクニックであり，タンパープルーフ，オネストプルーフといわれる．また，子どもはいたずらなどで事故を起こすこともある．そこで，子どもの力や判断力では使用できない機構とすることをチャイルドプルーフという．なお，構造上，子どもが偶然に作動させてしまうこともないとはいえない場合には，大多数の子どもでも使えないということをもって子どもへの安全配慮とみなす場合もあり，これを，チャイルドレジスタントという．例えば容器については，42〜52 カ月の幼児の 8 割が 10 分以内に開けられなければ合格（チャイルドレジスタントとみなす）と考えている（ISO 8317：2015　Child-resistant packaging—Requirements and testing procedures for reclosable packages）．

のでその場を離れても大丈夫だろうと装置を過信してしまい，てんぷら鍋をかけたまま台所を離れる人がいたという．しかし，ガスが消火される前に，鍋の油に着火してしまわないともいえず，その場を離れることは実はたいへん危険なのである．

　(8)　**Step 6　残留リスクの伝達**　　ハザードが完全に除去されていないのであれば，絶対安全になったとはいえない．いくばくかのリスクが残っている．これを残留リスクという．そのリスクによる事故を避けるためには，ユーザに正しい使い方で製品を使用してもらう必要がある．その伝達手段が，取扱説明（書）や注意表示，警告

COLUMN 安全対策は決め打ちしない

　リスクを低減させる設計の考え方（方法）は複数あり得るが，最初から決め打ちするのではなく，リスク低減の考え方に紐づけながらナンセンスなアイデアも含めて多数列挙し，そこから現実的な案を採用することがよい．一見，ナンセンスと思えるアイデアも大切にすべきで，新製品開発のヒントになることもある．

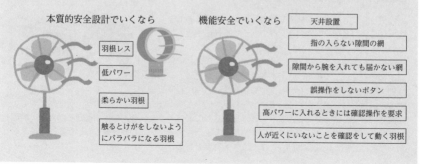

表示などであり，これは図 9-3 のリスク低減策でいえば，「⑤ 使用者への注意喚起」に位置づく．注意喚起は製品自体を安全にするものではないから，その製品を扱う通常のユーザの通常の注意により危険を回避できる範囲においての，メーカからの情報提供という位置づけになる．

取扱説明や注意表示，警告表示は書いておけばよい，というものではなく，その内容をユーザに守ってもらうことが重要になる．そのための留意点としては以下がある．

① **誘目性・明瞭性**： その表示に気づいてもらい，内容が明確に理解できなくてはならない．

・確実・明瞭に伝達される場所に掲出する．

・誘目される．

・何をすればよいか，何をしてはいけないのか，意味が明瞭である．

・万一，事故に至った場合にはどのような処置をすればよいのかが明確である．

② **行動変容性**： その表示の意味が理解できても，それに従い，正しい使い方がされなければ意味がない．そのためには，そうしよう，という気持ちが湧く必要がある．気持ちを湧かせるためには，「なぜそれをしないといけないのか？」「守らないとどのような事態があなたに振りかかるのか？」という理由や結末が明示されるとよい．

【例】小児の錠剤服用
　　［喉に詰まらせる恐れがあるので］5 歳以下の子どもには錠剤，カプセル剤を飲ませないこと．

COLUMN　通常の努力で達成可能

残留リスクは，通常の努力で回避可能な範囲のものでなくてはならない．通常の努力とは，その状況で普通にできる程度，ということである．

例えば右の図はどうだろうか？　確かに安全のためにはオーブンの前で注視しているべきであろう．調理物が発火しないとはいえないからである．しかし，忙しい台所仕事中に見守り続けるというのは通常の努力を超えるかもしれない．もちろん，注意事項としてユーザに伝達することは良いことであり，ユーザも自分の安全のために努力することは重要であるが，通常の努力で実行可能といえる範囲か，よく考える必要がある．

使用中は本体から離れず，調理物が発火しないか監視すること

　上記例文内の［　］の文言がある場合とない場合とでは，どちらの方が順守意識が高いだろうか？

　（9）**Step 8　経過観察：**　設計によりリスクを低減し，さらに残留リスクを伝達して発売しても，それで安心はできない．市場での使用を監視し続ける必要がある．そのときのポイントとしては次がある．

- ・あり得る使用の想定漏れはないか？
- ・見過ごしていた設計，製造上の欠陥は生じていないか？
- ・経年劣化に伴う問題は生じていないか？
- ・残留リスクの伝達（注意書きや取扱説明書）は効果的に機能しているか？
- ・枯れた技術（長年使われて不具合もよく知られた技術）ではなく，新技術を用いた製品においては，新技術に存在した予想外の事故は生じていないか？
- ・設計想定を超える事態が生じていないか，設計前提が時代遅れになって来ていないか？

　重大な問題が見つかった場合には躊躇せずにリコール（製品回収）することが必要であり，リコール開始に手間取ったり，さらには事故を隠していると，法的責任はもとより，企業の信頼失墜という重大な事態に発展しかねない．

COLUMN　経過観察：利用実態の変化「設計想定を超える事態」

　モノは利用されているうちに，徐々に当初の設計想定から外れて利用されていくことがある．例えば，右の図を見てみよう．長年のうちに少しずつ渡される電線が増え，ジャングルのようになってきてしまっている．電柱が設計され，敷設されたときに，これほどまでに多数の電線が張られることは想定されていたのだろうか？　少し不安にもなる．

COLUMN　経過観察：時代の変化「設計前提が時代遅れ」

　安全問題ではないが，名門ホテルのレストランが，長年，高級感を感じさせる「芝エビ」と表示しつつ，実際には種類の異なる安価なエビを用いていたため，食材偽装として社会から指弾された事案があった（2013）．往時はそれが受け入れられていても，時代とともに社会の期待水準が変わるということもある．歴史の長い製品においては，当時はその安全対策で受け入れられていても，現在では時代遅れ，ということもあり得る．そのリスク対策でいてよいのか，継続的な注意深いフォローが必要である．

9・4 消費者教育

メーカには，安全な製品を提供する義務があるが，ユーザも製品を安全に（正しく）使う必要がある．メーカとユーザとの双方の協力があって初めて生活の安全が成就される．ただし，製品のリスクに関する情報は，圧倒的にメーカが有しているから，メーカからの分かりやすい情報提供は絶対的に必要になる．また行政機関などによる消費者教育も重要となる．

COLUMN インフォグラフィックス

残留リスクの伝達や消費者教育などでは，直感的に理解のできるグラフィックス表現（インフォグラフィックス）がなされると効果的である．例えば，以下の情報はすべて同じであるが，どの表現が直感的に分かりやすく，インパクトがあるだろうか？

文章：危険度について調べると，条件 A は 100，条件 B は 50，条件 C は 70 でした．

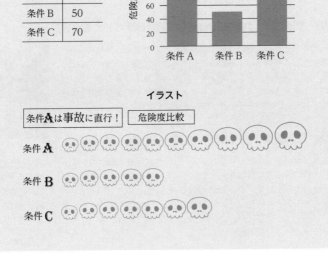

演習問題

1. 自分が「危ないな！」と思った経験を取り上げ，それをリスクの考え方から説明せよ．また安全にするにはどうすればよいか，リスクの考え方に基づき検討してみよ．

2. 自転車，家電製品，ガスレンジなど，実際に自分が利用している身近な製品において，どのようなハザードが存在しているかを検討せよ．またそれについて，どのようなリスク低減策が施されているかを調べてみよ．

3. 製品事故データベースなどをもとに，実際の製品事故例を調査し，何が問題であったのかを考察せよ．

COLUMN　安全はタダではない

　安全にすると，使い勝手が悪くなったり，機能安全のコストが製品価格に転嫁されることもある．例えば，ストーブの上に洗濯物を干すとよく乾くが，ストーブ上に落下して火事になる恐れもある．これはあり得ることであるが，設計による安全対策を講じると，製品価格に跳ね返り，使い勝手も悪くなるかもしれない．そしてこの行為は意図的な行為であり，しかも生活者の大多数が行うというものでもない．では，このあり得る行為に対して，それを行わない大多数の生活者もその負担を引き受けるべきなのか？　議論が分かれるところである．安全はタダではない以上，社会全体（生活者全体）の安全意識を高め，製品を正しく使うことも考えていく必要があるということである．

生活事故の分析と対策立案

リスクアセスメントのプロセスを慎重に踏んで製品をつくれば，製品事故は起こらない「はず」である．しかるに，やはり事故は起こる．製品事故だけではなく，モノゴトに関連したさまざまな生活事故も起こる．そのときには，原因を明らかとし，再発防止対策を講じる必要がある．

10・1　事故の分析

事故を客観的に把握し，対策立案につなぐための事故分析の手法には多数のものがあり，産業において広く用いられている．それらのうち，生活事故の分析にも有用な手法を，次の事故を例に検討していこう．

> 【例】　圧力鍋の事故
>
> 　圧力鍋で豆を料理中，急に鍋ぶたが吹き飛ぶように外れて豆スープが飛び散り，調理者がやけどを負った．調査によると，圧力釜の蒸気抜きに豆ガラが付着し，内圧が抜けない状態であった．鍋は内圧異常時に鍋ぶたが吹き飛ぶように外れる構造であった．取扱説明書には，「豆類調理では水と合わせて 1/3 以下の内容量にする」「蒸気口に詰まりがないか使用前に確認する」との記載はあったが，使用者は鍋の半分にまで豆を入れていた．蒸気口は洗いにくく，詰まりも確認しにくかった．
> （消費者庁 News Release 令和 3 年 4 月 28 日をもとに仮想例として作成）

①　**SHEL 分析**：　ヒューマンエラーは当事者（人：Liveware）と，その人を取り巻く要素（手順など：Software，道具や設備など：Hardware，明るさなどの環境：Environment，コミュニケーションをとっている他の人：Liveware）のマッチングの乱れにより生じる．これを表わしたものが SHEL モデルである．このモデル

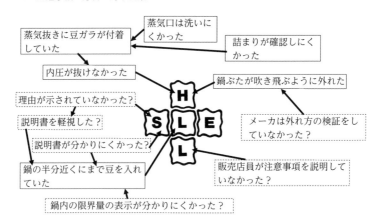

図 10-1　SHEL モデルでの分析例
点線で囲まれた事項は，情報として得られてはいないが，状況から分析者が疑った問
題事項．これらは積極的に記載し，追って追加調査を行う．

を用いて，事故の原因，要因を整理，把握することができる（図 10-1）．このよう
に整理されると，「蒸気口」「説明書や鍋内の限界表示」に問題が疑われることが明確
になる．

　②　**連関図法：**　問題の原因を探索する手法は，根本原因分析（root cause
analysis：RCA）といわれ，「連関図（なぜなぜ分析）」が代表的なものである．

　連関図では，事故（問題）を頂上に置き，それが「なぜ生じたのか？」と問いなが
ら原因，要因，推察事項を探索し，事故の全体像を明らかにする（図 10-2）．

　③　**時系列分析：**　いきさつが長い事故においては，そのいきさつを事象（出来
事：イベント）の連鎖として時系列で表し，その各事象において，それがなぜ生じた
のか？　その発生を抑止できないかを検討する．どこか（できるだけ上流）の事象が
生じなければ（連鎖が断ち切られれば），事故は生じないと期待される．

　圧力鍋の事例であれば，

・正しい使用に関わる情報提供

・通常の使用がなされたときの蒸気や内圧抜き

COLUMN　製品事故分析

　製品を中心に事故を考えてみると，p. 125 に示した八つの条件のどれかの安全限界に違反し
たといえる．圧力鍋の事例であれば，「豆」という他の製品との関係において，「使用方法」に問
題があったといえ，これらについての注意情報の欠落が問題として指摘される．

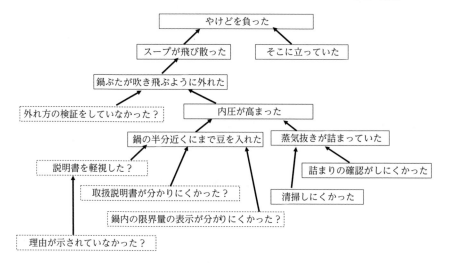

図 10-2 連関図による表現例

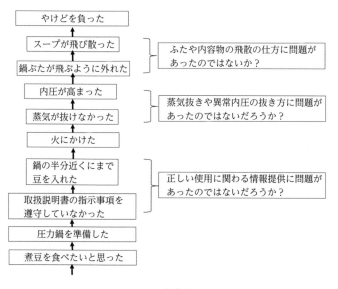

図 10-3 時系列分析例

・ふたや内容物の飛散のされ方

の大きく3点に課題があることが窺われ，そのどこかにおいて対策がとられることで，事故は防ぎ得ることが推察できる（図10-3）．

10・2 対策立案の考え方

　事故の様相（全体像）が明らかになってきたのなら，それをもとに再発防止策を講じる．

　再発防止策を導くアプローチには以下がある[1]．

　① **改善アプローチ：** 事故の原因に対して対策を講じる．先ほどの圧力鍋の例であれば，

　　・蒸気抜き口の改良（詰まらない構造，清掃のしやすい構造，詰まりの確認しやすい構造）

　　・取扱説明書の改良（正しい使用，過量に入れた場合に生じる事故の説明）

　　・鍋内の表示の改良（限界量線の明示）

などが考えられる．モノの改善から考えることが鉄則であり，取扱説明書の改良などの利用者に対する対策は，通常の努力により達成できる残留リスクの回避に限られる．

　② **目的達成アプローチ：** 前述の改善アプローチは，現在のやり方ありきで，そのやり方をいかに正しく事故なく行わせるか，という観点からのアプローチである．一方，目的達成アプローチでは，モノゴトの利用目的に注目する．

　私たちがある行動を行うのはなぜかというと，行動の目的を達成したいからである．そうであれば，モノゴトを利用する利用者の目的（モノゴトの提供する機能）に注目し，目的展開を行い（p. 47），その目的を達成する別のやり方を考案する．

　圧力鍋の例でいえば，煮豆を食べるという目的のために使われているわけであるから，加工済みの煮豆を購入させるという対策でもよいはずである．

　また，「蒸気抜き」という部品に注目すれば，内圧を抜くために存在しているのであるから，現在の蒸気抜きの形式にこだわるのではなく，

COLUMN　目的展開アプローチの注意点

　目的展開アプローチでは，目的展開は比較的容易にできるが，展開された目的を充足する手段を思いつくことに一つのハードルがあり，技術シーズとのマッチングも必要となる．仮に提案できたとしても，その弊害についても検討する必要がある．圧力鍋で煮豆をつくるのではなく，加工済みの煮豆を購入させるのでは，調理の楽しみがなくなるだろう．

1） 小松原明哲：人間生活工学，**21**(1)，29（2020）．

まったく新しいアイデアによる内圧抜きを開発することも解決策として考えられる.

③ **コストバランスアプローチ:** 安全活動は，事故の原因を取り除くところから始まり，保険までの全体で構成される．自動車交通安全を考えると分かりやすい.

【原因の除去】 ヒューマンエラー防止のために教習所に行き運転スキルを身につける．運転のしやすい自動車開発，道路整備など，ハードや環境諸要素を良好化する.

【防御手段の構築】 運転ミスなどの事態に備えて，シートベルトを装着し，エアバッグを搭載する.

【事故対処】 事故が生じてしまったときには，損害の緩和，被害拡大防止のために救助救急を迅速に行う.

【保　険】 損害に対して保険で対応する.

安全活動の全体構造

もちろん，事故は起きてはならないものであるが，そうはいっても，対策には費用

COLUMN　対策の効力

　対策は最初から決めてかかるのではなく，ナンセンスな対策も含めてできるだけたくさん考え，その上で，事故防止の確実性，即効性と永続性，実現可能性，また，その対策を採用した場合に懸念される弊害や問題点などを考えて，採用すべき対策を決定する.

　事故防止の確実性ということでは，リスクの考え方（p. 122）にあったように，ハザードの除去，緩和，隔離，制御が先決である．人に対する注意喚起は即効性はあり，コストはかからないが確実性はなく，永続性に欠ける．とりわけ，一般生活者を対象としたモノゴトでは，有効性ははなはだ心もとない．警告表示に気づかない人，言葉の問題で取扱説明書を読むことができない外国人，警告を軽視する人などさまざまだからである.

「足元注意！」という注意表示を行う以前に，
石を取り除く対策が講じられるべきである.

COLUMN　対策の弊害

　自動車事故では，しばしば無免許運転が問題になる．これに対してカードリーダに有効な免許証を差し込み，本人顔画像と一致しないと動かない自動車という解決策が考えられる．確かに無免許運転は排除されるが，災害時に緊急で自動車を移動しなくてはならないときには逆に，大きな災害に巻き込まれることも考えられる．対策が自由度を減じるときには，特にその弊害評価を慎重に行う必要がある．

的にも技術的にも限界がある．コストバランスアプローチは，安全活動の全体のどこに費用をかけるのがよいか，つまりコストという観点から対応先を考える．

　圧力鍋の例でいえば，内圧が異常に高まったときにも，ふたや高温内容物が飛散しないよう，飛散防止構造にコストをかけることや（防御手段，事故対処），破裂事故は技術的に皆無にできないのであれば，保険加入にコストをかけるといったことである（保険）．

演習問題

1. 自分の経験した生活事故を取り上げ，「SHEL モデル」「連関図」「時系列図」による分析を行い，事故の原因，要因を整理してみよ．

2. 前述の事故について，再発防止対策を考察せよ．またその防止策の確実性，即効性，永続性，実現可能性や，弊害の有無を考えよ．

3. 日常生活において，「足元注意」「図上注意」などの安全注意表示を見かけることがある．注意喚起以外の対策を講じることができないかを検討してみよ．

サービスの提案

モノを生活者に使ってもらうためには，そのモノにまつわるコト，すなわち「サービス」について考える必要がある．例えば設置サービス，修理サービスなどである．またコトを購買してもらうためには，モノを開発する必要もある．教育サービスでは，それを実現するために，机や椅子，黒板といったモノが必要になる．つまりモノとコト（サービス）とは不可分である．そこで本章ではサービスに注目してみよう．

11・1 サービスの特徴と形態

（1）**サービスの特徴**　サービスとは，人（提供者）が生活者（顧客）に便益や良い体験を提供するための無体物商品といえる．

サービスの特徴として一般に次があげられている．

- ・無形性（非有形性）：触ることができない，はっきりとした形がない．
- ・不均質性（変動性）：提供者は常に同じサービスを提供できるとは限らない．仮に同じものが提供されたとしても，購買者により評価は一定ではない．
- ・同時性：提供者と消費者は同時に存在し，提供と同時に消費される．
- ・消滅性：時間的保存ができない．在庫としてストックしておくことが不可能．

（2）**サービスの種類**　身の回りでサービスといわれることを整理すると，図11-1 のように整理できる．この分類は，サービスニーズを探っていくときの手がかりといえる．次節から詳しく見ていこう．

11・2 便益の提供のサービス

次の五つの形態が考えられる．

図 **11-1**　**サービスといわれること**

①　**モノに付随するサービス**：　「商品選択のアドバイスをする」「モノを使える状態にセットする」「故障やトラブルに対応する」「不要となったモノを引き取る」などのサービス．複雑なモノや，故障があり得るモノ，設置や廃棄に困る大きなモノでは，これらのサービスが存在しないと，モノの購買につながらない．

　メーカや販売者が自ら提供し，商品価格に含まれることもあるが，このサービスを専門に提供する業者も存在する．

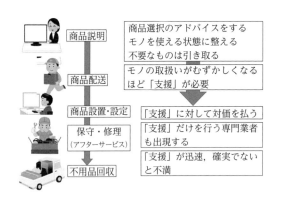

「モノ」に付随するサービス

②　**家事代行のサービス**：　洗濯，炊事，掃除をはじめ，子どもの保育に至るまで，家事を代行するサービス．宅配，引っ越しなどの日常事も含まれる．家事は本来，自分や家族で行えばよいことであるが，時間節約，自分よりも良い出来栄えを期待して利用する．

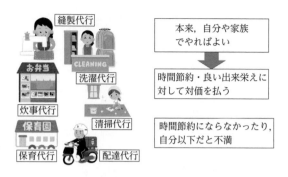

家事代行のサービス

③ **専門性のサービス:** 自分や家族でできなくはないのかもしれないが，専門性が高く特別の知識やスキルが必要であり，専門家に任せた方がより良い成果が得られる場合に委託するサービス．理美容，医療，学校（教育），税理士や弁護士，旅行手配や結婚相談などがそうである．

専門性のサービス

④ **貸し出しサービス:** 一時的，臨時に必要なモノゴトを貸してくれるサービス．レンタルサービスがそうで，ビデオから自動車までさまざまなモノが一時的に借用できる．結婚式の司会者や余興者も借りることができる．またスペースレンタルもそうで，ビジネスホテル，外出先での時間貸しワークスペースなどの空間貸しサービスもある．

貸し出しサービス

⑤ **時間節約サービス:** バスやタクシー，鉄道，航空機や，情報通信サービスのように，用向きへの移動時間を節約させてくれるサービスである．

時間節約サービス

11・3　体験の提供に関するサービス

次の二つの形態が考えられる．これらは第12章で説明する「楽しいコトづくり」と密接な関係がある．

① **人生イベントの提供サービス:** 人生においてはさまざまなライフイベントがある．それらを滞りなく，感動とともに支援，演出してくれるサービスである．お宮参り，結婚式，地鎮祭，厄除け，葬式など，宗教儀礼と関係するヴァナキュラー（p. 38）に関連するものが多い．

② **余暇の時間消費の場と支援のサービス:** 余暇を楽しむための場の提供と支援を行うサービス．趣味を楽しむことや，非日常の経験により心身のリフレッシュを提供するサービス．

人生イベントの提供サービス

余暇の時間消費の場と支援のサービス

11・4　サービスデザインのモデル

　サービスの機能が単に充足されるだけでは満足につながらない．サービスの多くは，特別な場において，提供者を通じて顧客に提供されるため，その場の設えや提供者の言葉づかいといった，利用者の気持ちに訴える部分が満足や不満につながることが多い．この点について，いくつかのモデルを検討しよう．

　（1）**コアサービス，サブサービス**　便益を提供するサービスにおいて，サービスの核となる部分をコアサービス，コアサービスに付随するサービスをサブサービス（またはフリンジサービス）という．

【例】美容院
　・コアサービス：ヘアカット
　・サブサービス：美容師のトーク，待合コーナーの雑誌の充実度，美容室の内装，音楽，サービスポイントの付与など

　美容師のヘアカット（コアサービス）のレベルが低ければ顧客満足は得られない.とはいえ，コアサービスのレベルは高くとも，美容師のトークが不愉快だったり，雑誌が古く手垢のついたものばかりであっては，再び利用しようとは思わないと思う.つまり，コアサービスは必要条件ではあるが，それだけで満足の十分性は得られない.同一商圏内に同等レベルのコアサービス提供機関が複数存在する場合には，サブサービスのレベルが購買の決め手にもなる.

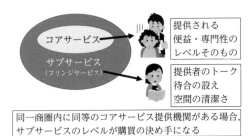

コアサービスは必要条件
サブサービスがあって十分化

（2）　期待と満足

　①　**期待と満足：**　サービスの満足度は，「事前の期待水準」と，実際に提供されたサービスのパフォーマンスをどう感じたか，その「知覚」の相対で決まってくる.

　　「期待」＞「知覚」　：期待外れ（不満足）

　　「期待」＝「知覚」　：期待通り（可もなく不可もなく）

　　「期待」＜「知覚」　：期待以上（満足）

COLUMN　コンティンジェントサービス

　非定常な状況において提供されるサービスをコンティンジェントサービスという.顧客は困っている状況で支援を受けると，大変感激し，以降，そのサービス機関の熱烈なファンになることも多い.逆に冷たくあしらわれると，そこに本心が見えたような気持ちになり，一気に離れていくこともある.

　【例】

・突然の大雨に雨宿りをさせてくれ，小降りになったら傘を貸してくれた.

・大雪で帰宅の足が失われたときに，無料で暖かいドリンクを提供してくれた.

・具合が悪くなったときに介抱してくれ，自宅までのタクシーを呼んでくれた.

COLUMN　モノづくりでのコアとサブ

　モノもその機能を通じて人に便益や感動を与えるものであるから，モノもサービス機関といえる．そこで，コアとサブ，コンティンジェントのサービスの考え方も，モノづくりにおいてはたいへん参考になる．

【例】**洗濯機**
・洗濯の仕上がりが良い：コアサービス
・軽快な音で動く：サブサービス
・故障時の対処方法が取扱説明書に分かりやすく記載され，実際に対処しやすい：コンティンジェントサービス

　「期待」が低いと購買につながらないので，サービス提供者は，宣伝などにより期待値を高める必要があるが，「期待」を必要以上に高めると，今度は「期待外れ」になり，不満にもつながってしまう．

　こうしたことはモノ（有体物）でも同じであるが，モノは，実物を確認したり，試用により期待値を定めやすい．しかしサービスは，実物確認がしにくく，他の利用者の「体験談」などの影響も受けやすいため，過剰な期待を寄せてしまうこともある．

　②　**期待の大きさと満足：**　期待と知覚との関係性から，ちょっとしたことであっても，大きな満足にも不満にもつながることがある．

・ちょっとしたネガティブなこと
「期待」が高いほど，大きな不満につながる
「期待」がさほどでもなければ，大した不満にはならない

　【例】**レストランの食器**
　高級レストランであれば，わずかな食器の欠けでも納得できないかもしれないが，大衆食堂であれば，さもありなん，という感じかもしれない．

・ちょっとしたポジティブなこと
「期待」が高いほど，何も感じない
「期待」がさほどでもなければ，大きな満足につながる

　【例】**レストランの取り皿**
　大衆食堂を子連れで利用したとき，黙っていても笑顔で取り皿が出てくれば，とても感動するが，高級レストランであれば，取り皿が出てくるのは当然でしょ，という感じである．

COLUMN　期待は何から形成されるか？

あるサービスを初めて利用するときの事前期待値は，さまざまなものから形成される.

・広告，宣伝
・すでに利用した人の口込み，世間評価
・有名人など社会的に信頼の置ける人の評価
・専門機関の格付け，など.

これらは当該サービスに関わる直接な情報であるが，さらに，次も事前期待値に作用する

・価格による期待（この価格だから，この程度だろう）
・提供者への信頼（会社の歴史，本社所在地，従業員数などからして間違いはないだろう）

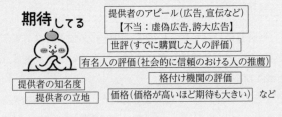

期待は何から形成されるか？

---

(3)　提供者の接遇態度が問題　サービスは，それを提供したスタッフの接遇態度を通じて評価される．スタッフの「感じの良さ」は重要であり，また専門性が求められるサービスにおいては，信頼感を感じられるということも重要である.

経験的に，以下の 5 項目が重要とされている.

接遇マナー 5 原則

「表情」

「挨拶」

「身だしなみ」

「話し方」

「態度」

(4)　SERVQUAL（サーブクオル）　A. Parasuraman, V. Zeithmal, L. Berry の 3 人により 1988 年に提示されたサービス品質を評価するためのモデルであり，サービス品質を構成する五つの次元をあげている．各項目について，顧客の期待を測定し，それらを上回るサービスを提供することで，顧客満足が達成されるという.

【サービス品質を構成する五つの次元】

・「信頼性」約束されたサービスを確実に提供すること

・「対応性」顧客に対するサービスが迅速に提供される．お待たせしないこと

・「確実性」従業員のサービスに関わる知識や態度がしっかりしていること

・「共感性」顧客の立場に立った共感的なコミュニケーションがとれていること

・「有形性」設備の清潔さや従業員の振舞い，服装などが整っていること

COLUMN　モノの評価と SERVQUAL

SERVQUAL は，モノづくりについても参考になる．

・「信頼性」利用者のニーズに適合し確実に機能すること

・「対応性」使うのに面倒な準備が要らないこと，すぐに使えること

・「確実性」不具合，故障なく機能すること

・「共感性」利用者に立場に立った細かい配慮がなされていること

・「有形性」見た目が素敵であること

演習問題

1. 図 11-1 のサービス種類のモデルに基づき，自分の利用したサービスの例をあげよ．また，その満足・不満足を評価し，その理由を考察せよ．

2. 医療機関などを例に，コアサービス，サブサービスを列挙してみよ．また，その状況を評価してみよ．

3. 「期待外れ」「期待通り」「期待以上」と感じた例をあげてみよ．特に「期待外れ」と思った例について，なぜ期待外れだったのかを考察してみよ．

4. SERVQUAL のモデルを使って，身近なモノゴトを評価してみよ．

楽しいコトづくり

　人は楽しい時間を求める．趣味活動やレクリエーションなども含めて，いわゆるレジャーと呼ばれることがそうである．体験の提供サービスは，そのための「仕掛け」を提供するといえる．本章では，良い時間消費ということについて考えてみよう．

12・1　楽しいコト

　（1）　**素朴な疑問**　　私たちは次のようなことに時間とお金を費やす．なぜだろう？

　・「夢の国の遊園地」に行く．

　・キャンプなどといって原始生活に戻る．

　・ゲームセンターでゲームといった非生産的なことに興じる．

　・映画，演劇，落語，スポーツ観戦など，他人のパフォーマンスを見に行く．

　よくよく考えると不思議である．節約と便益，能率を旨とする生活からすれば，非常に不合理な生活行為である．しかし，程度の差こそあれ，私たちはこうしたことに時間とお金を費やしている．なぜだろう？

　結論的にいうと，生活の潤いを購買しているのであり，その潤いとは，日常から脱

キャンプなどといってなぜ原始生活に戻るのだろうか？

COLUMN ハレとケ

日本には古来, ハレ（非日常）とケ（日常）という生活の区別があるという. ハレは, 人生儀礼, 季節や年中行事などであり, ケは日常の生活である. ケの生活は簡素で貧しくとも, ハレのときには, 衣服も改め（晴れ着）, 酒食や歌舞を楽しむ. ケの疲れをいやすリフレッシュである. ハレを楽しみにケを頑張るということもある. またケの中でも, 不幸や病気など, 日常のエネルギーが枯渇した状態がケガレであり, ケガレはハレによりリフレッシュされるという考え方もある. いずれにせよ, ケが基本であり, 良い時間消費はハレなのである.

COLUMN 非日常の日常化

人は同じことを繰り返していると飽きる. 飽きると刺激が必要となり, 非日常を求める. 快適性における「快」と同じである（p. 36）. しかし, 非日常が非日常であり続けている間は楽しいが, それが日常になってしまうと, それも飽きる. いくらキャンプが好きだといっても, 毎日毎日キャンプ生活であれば, それはそれで飽きてくる. 花火が楽しいからといって, 山のように買ってきては, 最後は仕事になってしまい, それも楽しくない. ケがあるからハレもあり, 毎日ハレだと, それも疲れるのである. ただし, 戦後日本では生活水準が向上し, 毎日がハレであるとの指摘もある. こうなると, ちょっとしたハレごとではリフレッシュも感動も得られなくなる.

出し, 非日常の体験を得たい, そうした時間を過ごしたいということである. そして, そのためにはその体験を得るための「仕掛け」を購買する必要がある.

（2）**体験の時間オーダー** 体験するには時間が必要である. その時間的な長さは秒分オーダーから, 時間, そして日, 週, 月オーダーまでのレベルがある.

【例】体験の時間オーダーとその例

秒・分 ：梱包材のプチプチを潰す, 線香花火を楽しむ.
分・時間 ：クッキング, 園芸, スポーツ, 趣味活動を行う.
時間・日 ：芸術鑑賞, 夢の国の遊園地で遊ぶ, クアハウスで寛ぐ.

COLUMN 楽しさ要素をモノに埋め込む

小さな子どもは, ティッシュを引き出すのが楽しくて仕方がない. 放っておくと, ひと箱を空にしてしまう. つまり, 体験を得るためにモノを利用するということである. 大人でも梱包材のプチプチ潰しは同じようなもので, 楽しさを得るための廃物利用といえるだろう. このことからすると, モノの中に「楽しさ」要素があり, 利用を体験化できると, モノの積極的な購買, 利用につなげられると期待できる.

【例】
・アイロンがけのときに良い香りが漂い, するするとアイロンが進むようになる洗濯洗剤
・車である一定速度で通過すると, 道路の凹凸により音楽が聞こえるメロディロード

> **COLUMN 良い時代**
>
> 　生活レベルが向上し，生活必需のモノを競って購買する必要がなくなると，生活必需ではないモノの購買，さらには体験の購買へと人の心は向かう．これはいつの時代も変わらない．
> 　**【例】** 江戸後期は，社会的にも安定し，特に1804～1830年を中心とした文化文政時代には多くの町人文化が花開いたといわれる．そして，このころに流行したコトの本質は，現代の生活にも見ることができる．
>
>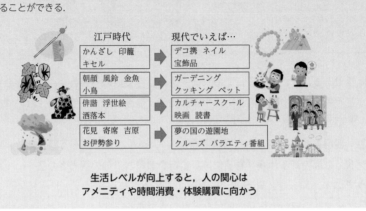
>
>
>
> **生活レベルが向上すると，人の関心は**
> **アメニティや時間消費・体験購買に向かう**
>
>

　日・週・月：キャンプ，旅行，避暑，クルーズを楽しむ．

12·2　楽しさの理論とモデル

　体験価値の根幹には，非日常がある．しかし，非日常であれば何でもよいか，というと，それは違うというものだろう．ケガレは非日常だが楽しくない．楽しい，嬉しい，と感じられる非日常でなくてはならない．その手がかりとなるいくつかの理論がある．

　（1）**モチベーション理論**　　人は動機により行動に駆り立てられる．その行動により動機が達成されると，「嬉しい」．達成されないと「嬉しくない」．

　例えばマズローの欲求段階理論（p. 29）を踏まえながら，日常生活で「嬉しい」「嬉しくない」と感じられることを検討すると，次のように整理できる．ただし，体験消費という観点から，生存欲求，安全欲求は充足されている前提で考える．

　① **帰属ができると嬉しい（帰属欲求）：**　共通の話題を語れる人と一緒に行動できると嬉しい．同好会，ファンクラブ，コミケ（コミックマーケット）などが，その

> **COLUMN　イヌ友達：帰属できる**
>
> 　街を歩いている見知らぬ人に挨拶をしたら，怪訝に思われるだろう．しかし，ペット（犬）の散歩をしていると，犬をきっかけに自然と飼い主友達ができる．「犬」が，相手は自分と同じ属性をもつという表象となり，話の「きっかけ」として作用する．同じようなこととして，子どもを通じてママ友，パパ友ができる，ということもある．ただし，自分と相手が同じ集団に帰属していることが分かると，逆に嫌な気持ちになってしまうこともある．例えば，相手が自分と同じブランドバッグを持っていたり，ネクタイを締めていたときに，互いに目を背けることもある．自分のプレステージ感が傷ついてしまうからかもしれない．

受け皿である．また海外旅行であれば，旅行に行く前の懇親会や，旅行後の写真交換会なども重要で，参加者同士の緩やかな関係（帰属集団）が生まれ，次の旅行へのリピートにもつながる．

　② **注目されると嬉しい（尊敬欲求）：**　人から注目されると嬉しい．コスプレイベント，京都の舞子体験（舞子に扮して街を散策し，他の観光客の目を引く）などがそうである．同人誌，SNS（ソーシャル・ネットワーキング・サービス）の発信，市民文化祭への自分の作品の展示などもそうである．

　③ **プレステージが感じられると嬉しい（尊敬欲求）：**　他者からの羨望のまなざしが向けられ，優越感が感じられるとさらに嬉しい．会員限定サロンなどがその受け皿である．航空機のファーストクラスもそうかもしれない．エコノミークラスの旅客から羨望のまなざしを受け，スタッフから格段のもてなしを受けることでのプレステージ感が嬉しい．モノであれば，高級外車，高級な装飾品がそうであり，価格が高いほどその所有により優越感を感じることができる．ただし，身のほど以上のものを利用，所有すると，逆に他者から滑稽に見られてしまうこともある．

　④ **自己裁量の余地があると嬉しい（自己実現欲求）：**　相応に自己裁量の余地（決定権）があると嬉しい．自己裁量は創意工夫につながり，発見の楽しさがある．個人のフリー旅行がそうである．ただし，自己裁量の拡大は自己責任の範囲の拡大につながるため，失敗の可能性も高まる．しかし，自業自得とはいえ失敗すると楽しくない．そこで失敗を避けるための支援サービスは必要だが，あくまで支援であり，裁量に介入すると嫌がられる．

　趣味のクッキングスクールであれば，アドバイスはあっても裁量は自分にあれば楽しいのだが，すべてをレシピ通りに行わないといけなかったり，教師役が余りに熱心に介入してくると楽しくない．

　⑤ **達成感・成長があると嬉しい（自己実現欲求）：**　一つのことをやり遂げたと

COLUMN　お調子者：注目される

　歌川広重の東都名所絵図には，盛り場で，蛸のドテラを纏って周囲から注目を浴びている若者が描かれている．お調子者，ということだろうが，現代でいえば，ハロウィンの仮装で繁華街に繰り出す人も同じである[1]．時代が変われど人はつくづく変わらない．注目されると嬉しい（尊敬欲求）ということなのだろう．なお，ここでのポイントは時空間の「場」，ということであり，ハロウィンの仮装も，10月31日でなければならず，また，繁華街でなければならない．それ以外の時期にビジネス街で一人仮装して歩いては，注目されても恥ずかしいだけだろう．舞子体験も京都の街中だからよいのであって，田畑の中を歩いていては不審に思われるだけである．つまり，演じる側も，それを見る側も，共通の理解（context）を有していることが大前提であり，モノゴトづくりはそこから考える必要がある．

東都名所 高輪二十六夜待遊興之図（歌川広重）
1841（天保 12）年頃

いう気持ちが味わえると嬉しい．今までできなかったことができるようになると嬉しい．上達を目指すスポーツクラブ，カルチャースクールなどはこの受け皿である．上に進むと「段位」が上がる，などという報酬（良いストローク，p. 35）があると，さらに嬉しい．

COLUMN　プロセスの楽しさ：自己裁量・達成感・成長がある

　クッキング，ガーデニング，絵画や彫刻などは，アウトカム（成果物）だけを期待するのであれば，でき上がったモノを買ってきた方がよほどよい．クッキングも料理を求めるのであれば，デパ地下で買ってきた方が楽だし，場合によってはよほどおいしい．
　しかし，こうしたことに取り組むのは，プロセスをともにすることで友達関係や家族の絆が深まることや，失敗であっても成功であっても，それが一つのエピソードとして，仲間とのコミュニケーションのきっかけになること[2]，また創意工夫による達成感，成果物を他の人に頒かつことで褒めてもらえる，など多くの楽しさ要素が織り込まれているからである．

1 ）　小沢詠美子：人間生活工学，**19**(1)，69（2018）.
2 ）　松村祥子：人間生活工学，**4**(2)，36（2003）.

(2) カイヨワの遊びの理論 遊びとは，その人にとっての自己充足的な楽しい気持ちを与える行為である．哲学者カイヨワ（R. Caillois, 1913-1978）によると，「遊び」とは次の条件をもつものという．

- ・強制されたものではなく，自由な活動であること
- ・空間と時間の範囲が限定され隔離，制限されていること
- ・展開が未確定であり，結果があらかじめ分からないこと
- ・非生産的活動であること
- ・ルール，規則，約束事はあること
- ・現実に対して虚構であり，非日常，非現実との認識のもとになされること

カイヨワは，遊びの種類として以下をあげている．

- ・アゴン（agon）：競争するもの．その人の実力が勝敗に影響するもの．腕相撲，格闘技，かけっこ，チェスなど
- ・アレア（alea）：偶然が勝敗を左右するもの．くじ，じゃんけん，ルーレット，ギャンブルなど
- ・ミミクリ（mimicry）：虚構の世界において普段の自分ではない自分を模倣し，演じるもの．演劇，コスプレ，ごっこ遊びなど
- ・イリンクス（illinx）：めまいを感じるようなもの．メリーゴーラウンド，ブランコ，ジェットコースター，バンジージャンプなど

またカイヨワは，遊びは気晴らしや騒ぎ，即興などの発散型（パイディア）と，努力や忍耐，技などの困難克服型（ルドゥス）の両極があり，その軸上に配置することができると指摘している．

(3) プルチックの「感情の輪」理論 プルチック（R. Plutchik, 1927-2006）は，人間の八つの基本感情を指摘した[3]．これに基づき，図 12-1 のモデルが提示されている．このモデルでは対面に位置する感情は正反対の感情であり周辺ほどその感情は弱く（派生感情），また隣接する感情の組み合わせによる感情も存在する（応用感情）としている．このモデルは，モノゴトづくりの手がかりになる．

【例】
- ・モノゴトの設計：例えば，まったく新しいモノゴトを躊躇されることなく，楽観的に（optimism）利用してもらえるようにするためには，「先の見通しがよく（an-

---

3) R. Plutchik : "The Emotions: Facts, Theories, and a New Model", University Press of America（1991）.

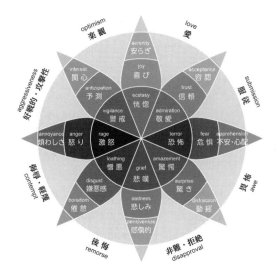

図 12-1 プルチックの「感情の輪」理論のモデル

ticipation)」「使って喜びが感じられる（joy）」ようにするとよく，「動揺（distraction)」を軽減すればよいのではないかとの示唆が得られる．つまり，ガイダンスとポジティブなフィードバックがポイントであり，困難さを強調し動揺を与えることは避けた方がよいことが示唆される．

・モノゴトに対する評価の分析：例えば，サービスの利用者からクレームが寄せられた場合，それが怒り（anger）や煩わしさ（annoyance）に由来しているのであれば，対局の危惧感（fear）や不安・心配（apprehension）を感じるように働きかけるのが一つであり，動揺（distraction）や驚き（surprise）なのであれば，事前の予測（anticipation）や関心（interests）を高めることが一つではないかなどの手がかりが得られる．

（4）ミハイ・チクセントミハイの「フロー理論」　ミハイ・チクセントミハイ（M. Csikszentmihalyi, 1934−）は，課題に取り組む人間のメンタル状態（メンタルステートメント）は「Challenging Level（挑戦の難易度レベル）」と「Skill Level（その挑戦に立ちむかうための自分の能力）」との関係で八つに分類できるとし，図 12-2 のモデルを提示した．「挑戦すべきことの難易度」と「その挑戦に対するその人のスキルレベル」の相対で，そのときの気分が変わるのである．

　このモデルの中で，フロー（Flow）とは，行っていることに完全に浸り，時間を忘れ，無我状態で集中しており，ポジティブなメンタル状態の極みともいえる状態で

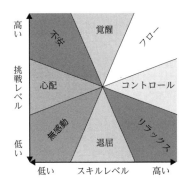

図 12-2 ミハイ・チクセントミハイの「フロー理論」のモデル
[M. チクセントミハイ 著，大森 弘 訳："フロー体験入門"，p.43，世界思想社（2010）]

ある．挑戦する目標が明確あること，行動の結果がすぐに分かること，また，その人のスキルレベルにおいてなんとか達成できる程度の難度であることなどがフローに至る条件であるという．確かに，互角に戦うスポーツではこの状態が感じられる．

【例】ゲームの難度設定

　クレーンゲームでは，景品が「取れそうで取れない」ときに，はまってしまう．明らかに取れないときには，不安感から参加しないだろうし，あまりに容易く取れてしまうのであれば，これも退屈な時間つぶしになってしまう．

COLUMN　遊びごころのあるモノゴト

　遊びは分秒を争う仕事ではないし，またアレアのような偶然性があってよい．日常も時間的な緩さや，偶然の発見ということがあるから楽しいということもある．むしろそういうことを仕掛けることも，楽しい体験につながる．

【例】

・「七人の妖精」：ある女子大学のキャンパスには「七人の妖精」の人形がいて，毎日，事務スタッフがその居場所を変えているそうである．「あら，こんなところにいる！」ということが，学生生活の一つの楽しさになり，卒業後も思い出になるという．

・「ゆるナビ」：金沢は，裏町にも歴史や風情が感じられる古都である．城下町特有の迷路のような街路も多いが，そこに迷い込むことも楽しい．それを積極的に仕掛ける腕時計型方位計を金沢大学の学生たちが試作している．例えば県立美術館を指定すると「あっちの方」と，針が適度の誤差をもって指し示す．それを頼りに途中の偶然に出会いながら，迷いつつも歩いていくと，いつの間にか目的地にたどり着けるというものである[4]．

4）　和田智晃，上坂洋紀，小松原宏識，河合一樹，中谷優志，今村勇斗，江崎慎一郎，秋田純一：インタラクション 2011 論文集，p. 661（2011.3 月）．

12・3　時間軸を考える

　体験時間が長ければ，その時間内には，多くのイベント（出来事）が存在する．しかしさまざまなイベントを単に寄せ集めただけでは，全体の評価は高まらないだろう．あるコンセプトのもとでのイベントの組み合わせ，調和がポイントになるだろう．

　【例】クルーズの旅
　　あるテーマのもとに寄港地と船内イベントが厳選され，各寄港地ではご当地ツアーがあり，そこでは体験イベントがある．それら全体でクルーズの旅の評価が決まる．

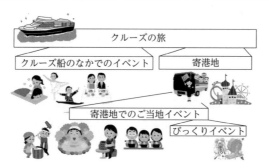

　（1）　**コンセプトの共有**　　感動を与えようとするコトであるほど，早期において，提供者と利用者のコンセプトの共有が重要となる．共有がなされないと，その後に展開される一つひとつのイベントの位置づけがはっきりしなくなり，統一的な感動が得られなくなる．

【例】

・落語の「まくら（枕）」：落語は一般に「まくら」「本編」「オチ」で構成される．落語家はいきなり本編を話し始めるのではなく，客席を見回し，その日の客の様子を把握し，その日の本編に関係した時事ネタで小話を軽く行い，客の緊張をほぐし，本題に入る流れをつくっている．枕に失敗すると，本題も面白くなくってしまう．

・夢の国の遊園地：最寄駅を降り，ゲートに向かうまでの間のコンコース，イルミネーションなどで，来場者の緊張をほぐし，テンションを高め，夢の国のコンセプトを自然と共有させている．

COLUMN　提供者と利用者のコンセプトの共有

コトの提供者と利用者のコンセプトの共有，ということは，モノづくりにおける設計者の考えとユーザの考えの合致（p. 60）とまったく同じである．提供者の考え，感性，哲学，世界観を理解し，賛同できなければ楽しいコトにはならない．とはいえ，提供者も利用者の考え，感性，哲学を踏まえてコトづくりをしなくてはならない．良い体験は，提供者と利用者とのコミュニケーション，コラボレーションで成り立つものも多い．

（2）**ストーリー**　楽しいコトも，同様のことがずっと続くと変化がなくなり，飽きてきてしまう．変化が必要であるが，その変化の展開順も全体の評価に影響する．

① **3幕構成（three-act structure）：**　映画のストーリーは基本的に三つの部分（3幕）から構成される．第1幕は設定（set-up），第2幕は対立（confrontation），第3幕は解決（resolution）であり，幕と幕の区切りはターニングポイントといわれ，ストーリーが異なる方向へと転換する出来事がある．3幕の時間比は1:2:1が原則とされ，この比が大きく崩れると，観客の関心が維持できなくなるという．この構成は，映画のほか，テレビドラマ，小説，ストーリーゲームなどにも用いられている．

② **好意の互恵性理論：**　好意を示す相手に自分も好意をもつようになる．これを行為の互恵性という．さらに，相手をほめ続けるのではなく，途中からほめるほうがより多くの好意が得られ，一方，ほめられた後にけなされると，最初からけなされていた場合よりも嫌悪感をもたれるという[5]．

ここから拡張すると，ネガティブな感情を感じさせるイベントのあとにポジティブな感情を感じさせるイベントがある場合と，その逆の場合とでは，全体に対する満足

5）　E. Aronson, D. Linder：*J. Exp. Soc. Psychol.*, **1**(2), 156（1965）.

COLUMN　花火大会の教訓

　夏になると全国で花火大会がある. 筆者は以前, 家族とともにマイカーで見物に行った. 花火自体は素晴らしかったが, 終わってからの帰宅の途は問題だった. 誘導員もおらず駐車場の出口は無法状態. 道路も大渋滞し, 普段なら 20 分の道のりが 2 時間近くもかかってしまい, へとへとになってしまった. 結果, 翌年からは花火を見に行こうとはだれもいわなくなった. 好意の互恵性理論からすれば, ポジティブな思いの後にネガティブな思いを得てしまったといえる. モノの使用 (p. 45) と同じで, コアの前後に準備と後始末があり, 特に後始末が全体満足度を左右する. 往々にしてコトの提供者は, コアの部分のみに関心がいくが, コアがいかによくともその後の出来事が劣悪であれば, 全体としての満足は得られないのである.

度が異なり, 前者は全体に対する満足度がより高く, 後者は, 逆に低下すると推察される.

(3)　CJM (カスタマージャニーマップ)

①　**カスタマージャニーマップ** (customer journey map：CJM)：　時間軸を取り, その時間軸に沿って, イベント, そのときに感じた感情などを記録していくチャートである. 一般には, 図 12-3 のようなフォーマットにより, イベント (あったこと) と, 自分の行動 (したこと) 自分の感情 (感じたこと), その感じたことに紐づくイベントの評価 (称賛されること/問題に思うこと) を記録していく. また気分曲線を記載する. 気分曲線はニュートラル (特に何も感じない) を 0 にして, ポ

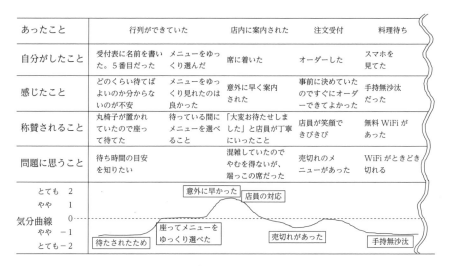

図 12-3　CJM の例 (レストランでの食事 (一部))

ジティブな感情を抱いたときには上側に，ネガティブな感情を持ったときには下側に線を入れていく.

CJMをもとにすると，人はどのようなときにポジティブ感情，またはネガティブ感情を抱くかを考察できる．これに基づき，サービス改善や，ある体験サービスを設計するときに，イベントをどう繰り出していくのか，といったことを検討することができる.

CJMの時間軸のスケール（時間粒度）は，評価対象と評価目的に応じて設定する.

【例】
・大学に入学してから卒業するまで：入学式，サークルの合宿，友達との旅行，卒論発表会など ⇨「月」「週」「日」オーダー
・「夢の国の遊園地」の1日：予定を立てるところから始まって，アトラクションを体験し，帰宅するまで ⇨「日」「時間」「分」オーダー
・アトラクションの体験：列をつくり，体験し，退場するまで ⇨「分」オーダー
・対戦型ゲーム：ゲームの進行に伴っての体験 ⇨「分」「秒」オーダー

② **階層的CJM：** あるイベントは，それが実施される大きなイベントの上に展開されており，さらにそのイベントも，より大きなイベントの上に展開されていることもある.

【例】 ロケット花火の打上げ
・大学3年生の夏休み，自分が幹事長を務めたサークル合宿の最終日の打ち上げで，海辺でロケット花火をみんなで打ち上げた.

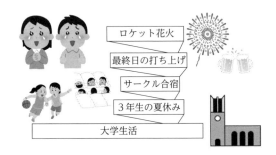

図 12-4 条件（背景）付きCJM
大学3年生の夏の終わりのサークル合宿の最終日の打ち上げのロケット花火，となると，単なるロケット花火以上の感動というものがたぶん，あるだろう.

COLUMN　アトラクション化した医院

　モノは遺伝するが（p. 47），コトも遺伝する．例えば病院は，スタッフは白衣を着用し，壁も白く，天井も蛍光灯である．スタッフ中心に機能性や衛生性を求めた結論なのであろう．しかし，患者からすると不安感を抑えられない．

【例】

・小児科，小児歯科では，子どもたちが泣き叫び，まともな診察ができないことがある．叱りつけるとさらに恐怖が増大する．そうであれば子どもが喜ぶアトラクションにしてしまえばよい．設えだけではなく，スタッフは童話のコスチュームを着用し，頑張った子どもにはメダルをあげるなどどうだろう．子どもは好奇心から喜んで通院するようになると思う．

・お年寄りでは，病院に入院するとせん妄が生じることがある．その一つの原因に，日常生活とはかけ離れた冷たい空間に一人置かれることがあるといわれる．しかし，一般にお年寄りは子どもと違って，新奇なものへの関心，好奇心が薄く，むしろ変化がないことが安心感を誘う．そうであれば，病室は住宅と同じような設えにすればよく，廊下は街路を思わせる雰囲気にすればよいのではないだろうか．

　このロケット花火の打ち上げは，"大学生活における""3 年生の夏休みにおける""自分が幹事長を務めたサークル合宿における""最終日における""打上げ"という条件付き（背景付き）イベントになる（図 12-4）．

　この打上げ花火への感動が大きかったとして，それは，ロケット花火の性能が良かったから（モノの良さ）ということではなく，この背景（コト）がロケット花火に投映されていることが理解されて，初めてその意味が理解される．

12·4　過去との対話

　体験デザインは，未来につながることもある．思い出は私たちの生活に潤いを与えてくれるし，トラウマ（心的外傷）として後の私たちを苦しめることもある．現在は未来の原因であり，今行っていることは未来においての思い出を形成することになる．現在のモノゴトづくりは重要なのである．

COLUMN　UX デザイン

　モノやコトの利用体験を，user experience（UX）という．UX の考え方は，あるシステムを利用するときにスムーズにゴールを達することができるよう，ユーティリティ（機能）の充実度や，そのユーザビリティの全体を設計，評価することからスタートした．HTA で分析した基本タスクがスムーズに進められる条件設計ということである（p. 92）．さらに，本章で述べたような体験，経験，感動などの情緒的な価値をデザインすることも UX として考えられている．

一方，過去に良い体験を経験しても，それを現在において思い出すことができなければ，過去の良い体験は，そのとき限りのものになってしまう．思い出すためには，過去と現在をつなぐインタフェースとして，「思い出」を呼び起こすモノがあるとよい．童謡の"せいくらべ"にある「柱の傷」と同じである．

【例】卒業アルバム
　卒業アルバムは単なる記録ではない．写真を通じて過去の自分や当時の友達，恩師とコミュニケーションをしているのである．

COLUMN　モノには魂が宿る

　小学校のランドセルをゴミとして捨てられない，押入れに入れたままという人もいる．さすがに場所をふさぐので，業者に頼んでミニランドセルにしたという人もいる．捨てざるを得ない状態になったときには，お酒を掛けて紙に包んでそっとゴミに出した，という人もいた．「筆供養」「針供養」「人形供養」などと同じである．こうした心情はアニミズムの一つなのだろうが，長年使っているモノには魂が宿るといわれる．モノに思い出や感謝の気持ちが凝縮されてくるのであろう．

COLUMN　先人との対話

　自分自身の過去だけではなく，自分の祖先や，先人との対話も，自分自身のアイデンティティを確認するうえで重要であり，そのためのインタフェースもある．
　【例】
・墓所や位牌，遺影は，草葉の陰の自分の親族と対話するインタフェースである．
・歴代社長の肖像画や創業者の胸像は，自分たちの組織の由来を尋ねるインタフェースである．
・歴史遺産は過去の幸・不幸な出来事にあった往時の人々と，現代の私たちをつなぐインタフェースである．

演習問題

1. 自分が楽しかった，嬉しかったと思った出来事を取り上げ，なぜ楽しかったのか，嬉しかったのかを考察せよ．

2. 自分が楽しくなかった，嬉しくなかったと思った出来事を取り上げ，なぜ楽しくなかったのか，嬉しくなかったのかを考察せよ．

3. 自分のある1日のCJMをつくり，考察せよ．なお，対象日は，できるだけ多くのイベントのある日が望ましい．またCJMの形式は図12-3を基本とするものの，他に自由に欄を設けてよい．

4. 自分の「思い出」が投映されているものを取り上げ，どういう思い出が投映されているのか考えてみよ．

5. 創業者の胸像や銅像，肖像画を掲げている会社や大学は多い．それはどういう役割を担ってるのかを考えてみよ．

人間中心設計

　よいモノゴトをつくるといっても，人それぞれ，場合それぞれ，ということもある．それを踏まえてモノやコトを設計していくためのプロセスが，人間中心設計プロセス（human-centered design：HCD）である．このプロセスは ISO 9241-210 (Ergonomics of human-system interaction — Part 210：Human-centred design for interactive systems) に示されており，コンピュータを用いた対話型システム（インタラクティブシステム）の開発を想定したものであるが，対話型システムに限らず，利用者にとって良いモノやコトのデザインには共通したアプローチである．図 13-1 に HCD のプロセスを示す．本章では，このプロセスをモノゴトづくりに一般化し，順を追って説明する．

13・1　人間中心設計プロセスの計画
　　　　（plan the human-centred design process）

モノゴトをつくる方針や体制をはっきりさせる．
　（1）**理念・哲学（フィロソフィー）と方針（ポリシー）を明確にする**　　そのモノゴトにより，自分たちは何を実現したいのか，ということを，関係者全員がしっかり認識し，共有する．

　【例】商品開発
　　　企業理念（社是や社訓）を確認する．そして今回のモノゴトの開発が，その理念に照らして適切であるかを確認し，共有する．地球市民としての責任を果たす，と謳っている企業が，環境汚染や，利用者の安全を脅かす恐れのあるモノゴトをつくってしまうことは，そもそもおかしいからである．

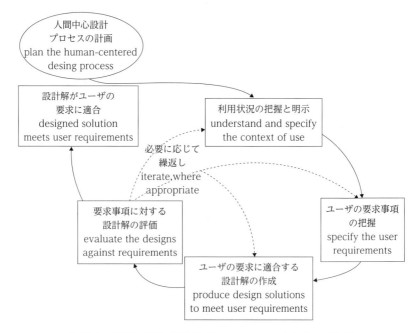

図 **13-1 人間中心設計プロセス**（human-centered design：HCD）

【例】町内会の夏祭り

夏祭りの目的も，町内の親睦をはかる，子どもたちの思い出づくりをするなど複数
あるかもしれない．それらを実行委員が共有しなければ企画も発散してしまい，せっ
かくのイベントが空中分解しかねない．

（2）**現状を分析する**　すでに類似したモノゴトが発売されているのであれば，
同種のモノゴトを重ねてつくる必要もない．それら先行するモノゴトとの差別化をは
かる必要がある．その際には，自社が競合他社に打ち勝つ力をもっているのか，何を
克服すべきなのかの確認が必要である．そのための確認フレームを，住宅設備メーカ
をイメージした例とともに説明する．

①　**SWOT 分析：**　自社の事業を拡大するという目標に対して，企業内部の要素
として，自社の強み（Strength）と弱み（Weakness），企業外部の要素として，市
場拡大の機会（Opportunity）と拡大への脅威（Threat）の 4 要素を整理する．
SWOT になり得る要素は多様だが，HCD においては人間生活工学に関わる要素に
ついて整理し，経営施策や戦略を判断することになる．

COLUMN PPPP

　大型航空機では，機長と副操縦士の2名で操縦にあたっている．重要なことは，フィロソフィー（Philosophy，理念・哲学）の共有である．目的地空港が荒天の場合，「安全運航」というフィロソフィー（Philosophy）を二人が共有していれば目的地変更などの方針（Policy）がただちに立ち，その方針のもとに定められた手順（Procedure）に従って，実行する（Practice）だろう．一方で「利潤最優先」のフィロソフィー（Philosophy）であれば，危険であっても着陸するといった方針（Policy）が何も疑問ももたれずに立ち，その方針のもとに定められた手順（Procedure）に従って，実行される（Practice）．もしフィロソフィーが事前に共有されていなければ，機長と副操縦士のいい合い，価値観論争になり，結果，方針も立たず，何も実行されないため時間の浪費になり，事態は悪化するだけである．このことを表すのがPPPP（4P：Philosophy, Policy, Procedure, Practice）モデルであり，航空機の運航ではきわめて重視されている．会社の明確な理念・哲学があり，機長と副操縦士がその会社理念を事前に共有しているからこそ，運航というプロジェクト（コトづくり）に取り掛かることができる．この考え方は，あらゆるモノゴトづくりに共通したものであろう．

【分析例】

	内部環境	外部環境
ポジ ティブ	Strength（強み） ・全国の販路が充実している ・会社に歴史があり，知名度がある ・商品に対する信頼が得られている	Opportunity（機会） ・戸建て住宅着工件数が増加傾向にある ・都市部にタワーマンション建設の動きがある ・高価格帯の商品の出荷数が伸びている
ネガ ティブ	Weakness（弱み） ・人間生活工学の社内の理解が低い ・人間生活工学に関わる人材が少ない	Threat（脅威） ・競合他社が生活提案型の新製品を投入してきている

　分析結果：「使いやすさ」「便利さ」を備えた商品需要の伸びが期待されるが，自社はその開発力に弱さがある．一方，他社は新製品を投入してきており，自社の出遅れが懸念される．まずは経営幹部に対して市場の状況を理解してもらい，全社的なムーブメントに持ち込み，各部門から支援を得る必要がある．

② **3C分析**：　市場を構成する三つの要素である顧客（Customer），競合（Competitor），自社（Company）の関係性を整理する．

【例】

Company（自社） ・全国の販路が充実している ・会社に歴史があり，知名度がある ・商品に対する信頼が得られている ・一定のブランドイメージもできている ・人間生活工学の社内の理解が低い ・人間生活工学に関わる人材が少ない	
Customer（顧客） ・今まではアパートやワンルームマンションの単身者を想定ユーザした普及品を開発していた．購買決定者はアパート経営者やマンション施主となっていた ・今後は個別住宅や都市部のタワーマンション居住者などをユーザとして想定し，ユーザの指名買いを狙う必要がある	Competitor（競合） ・個別住宅向けの提案型高価格帯品は，A社がほぼ独占状態である ・普及品のバリエーションを増やす程度でカスタマイズができる商品については，競合社は多くはない ・普及品の競合社は多く，競合社も参入してくる可能性が高い

　　分析結果：自社が得意とする普及品をベースに，人間生活工学の付加価値をつけることで，新規市場に参入していける可能性がある．ただし，自社の既存のブランドイメージが足かせになる可能性や，競合他社の参入も考える必要がある．

③　**4 P 分析**：製品（Product），価格（Price），流通（Place），販売促進（Promotion）の 4 要素について，自社および他社の現状の整理や，差別化要素の整理，開発方針の整理を行う．

【例】　コンセプト：都市周辺部の新築戸建て住宅に入居する「子育て世代」に向けての商品を開発する

・夫婦ともに仕事をもっている
・日常生活は合理的・能率的に．休日は趣味に全力．子どもとの触れ合いも大切にするファミリー

Product（製品） ・都市周辺部の戸建て住宅向け ・使いやすく手入れもしやすい ・小さな子どもにも安全 ・住宅に馴染む高級感を感じさせる	Price（価格） ・3 DK ～ 4 LDK 程度の間取り ・住宅販売額で 5 ～ 6 千万円程度の新築住宅に馴染む製品
Place（流通） ・ハウスメーカを通じて販売 ・指名買いに持ち込む	Promotion（広告・宣伝） ・ハウスメーカのショールーム，自社ショールームを通じて体験してもらう

| | ・自社 Web サイトの充実．イメージだけではなく，開発秘話や使いやすさの検証データなども掲載することで，顧客の納得性を高める |

　分析結果：子育て世代に向けた戸建て新築住宅を前提に，「使いやすさ」「安全」を前面に出した製品開発を行う．住宅販売額と間取りに馴染む程度のワンランク上の高級感がポイント．良さを納得していただくことでの指名買いを狙う

(3) HCD の重要性を共有する　　掛け声だけでは具体的に先に進めない．特に考えるべきは，利用者とその TPO（time, place, occasion）の多様性である．開発者の思い込みで，いきなり仕様決定に入ってはいけない．HCD プロセスに従った開発の必要性を，開発関係者全員が共有する．

(4) 態勢を整える　　開発へのプロセスを確認し，態勢を整える．人材と予算もしっかり確保する．また検討のためのテンプレートも準備する[1]．なお，記載されたテンプレートは記録として残しておく．それは開発者が何を考え，どうしてそのような仕様を定めていったのかを後進が知るために，きわめて重要な資料となる．

COLUMN　技術の強い会社

　機械や電気など，いわゆる技術者集団の会社では，往々にして技術者の熱意が先に立ち，技術に都合の良い利用者像を打ち立て，周りも見ずに制作にはまり込んでしまうことがある．そして最終形を自信満々に客先に持ち込むと，「置き場所に困る」「現場スタッフではむずかしすぎる」「業務プロセスに馴染まず使い物にならない」などと，さんざん叩かれることもある．利用者は機器の中身はどうでもよい．それを現場で利用して，自分の目標（タスクゴール）を達成したいだけである．そのことを忘れて開発に突っ走ると，手痛い目に合うことになる．それを避けるためには HCD のプロセスを確実に踏むことが重要なのである．

COLUMN　上辺だけの理解しかしない会社

　使いやすいモノゴトづくりの重要性は理解した．しかし，それはあまりに当たり前のことなので，特別なスキルもいらず，片手間でできることと思っている経営者や担当者にお目にかかることがあり，非常に残念に思うことがある．確かに，人間生活工学のいっていることは身近であり，結果だけを見ると当たり前のことばかりである．しかも機械や電気のようにむずかしい数式は出てこない．結果，変に素人分かりされやすい．しかし数式が出てこないということは，容易に定式化ができるものではなく，誰でも簡単にできる仕事ではないのである．満足な予算もなく，人間生活工学の知識も技術もないスタッフが思い付きで開発を進めても，よいモノゴトはつくれないのだが…．

1）　例えば，人間生活工学研究センター 編："人間生活工学商品開発実践ガイド"，日本出版サービス（2002）には，多数の開発検討用テンプレートが示されており参考になる．

13・2 利用状況の把握と明示

(understanding and specify the context-of-use description)

　開発しようとしているモノゴトについて，(1) 利用者，(2) モノゴトの特性と主利用者の特性，(3) 主利用者の目標と行われるタスク，(4) 利用される環境，を明らかにする.

　(1)　利用者　　p. 1 で述べたように，「主使用者」「副次利用者」「同席者」，そして「購買決定者」を明らかにする. このとき，利用や消費のプロセスにおいて，利用者が入れ替わるのであれば，それをすべて明らかにする.

> 【例】扇風機
>
> 　風にあたる利用者だけではなく，電気店からの持ち帰り，組立，手入れや，廃棄処分などにも良い扇風機であることが求められる. また各プロセスにおいて，主使用者のみならず，副次利用者や同席者が存在することもある. 例えば，網の隙間から指を突っ込む子ども（同席者）などである.

　(2)　モノゴトの特性と主利用者の特性

　①　開発しようとしているモノゴトの特性を明らかにする

モノゴト特性の例

	モ　ノ	コ　ト
主利用者の形態	プロユース，アマチュアユースパーソナルユース，ファミリーユース，パブリックユース	会員限定利用，不特定多数への公開利用
生活上の位置づけ	緊急時使用品，日用品，嗜好品	家事，学習，娯楽，余暇

　②　主利用者の特性を明らかにする：　そのモノゴトの特性に応じて，そのモノゴトが前提とすべき主利用者が有すべき特性，有する可能性のあるあり得る特性を把握する.

主利用者の特性の例

・知識・スキルのレベル，教育や訓練を受けているか
・身体能力，身体障害，抱えている疾病
・利用時の心理的状態，生理的状態
・言語，趣味，嗜好，宗教，文化的な背景

③　**整　理**：　①と②を整理する．p. 127 で示した製品安全（正しい「使用」において想定すべきこと）の八つの条件を参考にするとよい．

【例】扇風機の利用者

	特　性	具体的に想定されること
モノゴト特性	利用者形態	パーソナルユース，ファミリーユース
	生活上の位置づけ	日常の室内利用（家庭のみならず事務所や店舗なども含む）
利用者特性	知識・スキルのレベル，教育や訓練を受けているか	一般家電製品の利用ができる方
	身体能力，身体障害，抱えている疾病	身体障害を有している方も利用する．老若男女が利用する
	利用時の心理的状態，生理的状態	飲酒酩酊，疲労困憊，病気療養中なども想定される
	言語，趣味，嗜好，宗教，文化的な背景	日本語が堪能とは限らない

(3)　主利用者の目標と行われるタスク　　主利用者がそのモノゴトで達成したいこと（ゴール）は何か？　ということを改めて明確にする．さらに，その目的を達成するためには何をするのか？　しないといけないのか？　ということ（タスク）を明らかにする．

　ゴールが明らかとなれば，そのためのタスクは階層的タスク分析（HTA，p. 92）を用いながら具体化していくことができる．

【例】扇風機の HTA

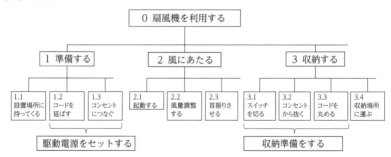

　HTA では，階層を深くするほど（詳細化するほど），製品の具体的な姿との関係が深まる．例えば上図であれば，暗黙のうちにコンセントにつないで使う製品像が前

提となっている．そのような製品像を具体的において要求事項を抽出するのであれば，ここまで分析する（具体的に記述する）必要があるし，そこまでは想定せずに新たな製品姿を考えていくのであれば，「駆動電源をセットする」「収納準備をする」などと抽象的に記述することになる．

（4） **利用される環境** そのモノゴトが利用，実施される，物理的，技術的，社会文化的な環境を把握する．環境として具体的把握をすべきことは，企画，開発中の「そのモノゴトが気にすること」ということになる．電気製品であれば，利用地の電圧や周波数が気になるだろう．

【例】扇風機の利用環境

物理的な環境
・設置箇所の諸特性
　部屋の大きさ
　利用者との距離
　温熱・湿度
　騒音　ガス
　設置面の状態
　屋外利用の可能性
　　　　　　：

社会文化的な環境
・利用に関わる社会要素
　風俗，風習，習慣
　利用者意識，知識
　利用者の金銭負担の限界
　　　　　　：

技術的な環境
・利用に関わる製品以外の技術的要素
　電気の提供
　電気の質（電圧，周波数，安定性）
　保守点検サービス提供の可能性
　法令・技術基準・規格
　　　　　　：

（5） **どうやって明らかとするのか？** 利用状況は，製品安全（第9章）で述べた「通常の使用の同定」と同様，同種のモノゴト開発の経験の利用，想定利用者への調査（観察，インタビュー，アンケート），想定利用者を表現したペルソナを用いた推察などにより行う．

13・3　要求の把握 (specify the user requirements)

（1） **要求の抽出**

① **要求の抽出の仕方：** モノゴトの利用状況が把握されれば，モノゴトに対する要求（ニーズ）が明らかになってくる．

　ニーズは品質要素（p. 16）を参考に，細大漏らさず具体的に求めていく．細部については，調査を行う必要もある．

　要求を具体的に求めていく代表的な調査方法としては，以下がある．

・利用者に直接，要求を尋ねる．アンケートなどを実施する．

・利用者の SNS の書き込みなどを分析する．

・営業スタッフからの報告を分析する．

・類似のモノゴトの利用状況を観察する．

・想像，推定する．

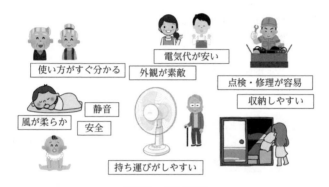

扇風機への要求事項

　②　**利用者に直接，要求を尋ねる．アンケートなどを実施する：**　モノゴトに対して「語られる」要求は，本人も意識しているものであり，顕在要求といえる．では，語られていることだけをモノゴトの要求として記録し，配慮，実現すればよいのかというと，それは違う．語られないのには理由がある．そして語られていないがニーズが存在していることがある．

・**比較満足**：昔に比べればとても便利になったと，以前と比較して満足したため，不満があっても語られない．

　【例】

　　　以前はウチワで涼をとっていた．扇風機になってとても便利になった．電気代は気にはなるが（ニーズ），ぜいたくはいえないので語られない．

・**解決策が先走っての諦め**：実現できるわけがないと決めつけて語られない．

COLUMN　営業スタッフの育成

　顧客と接する機会が一番多いのは，営業スタッフである．彼らは，自社のモノゴトを顧客に説明，お勧めすると同時に，顧客からの意見も直接，吸い上げることができる．つまり，自社と顧客とのインタフェースを担っている．ただし，営業スタッフには，顧客の利用状況やニーズを把握するための力量が必要である．それがないと顧客の何気ない動作を見逃してしまったり，言葉の重要性を理解できずに聞き流してしまうようなことになる．人間生活工学は営業スタッフも身につけるべき技術なのである．

【例】

　　扇風機を消し忘れて一晩中つけっぱなしだったのだが，自動停止なんて無理だろう（ニーズ）と思って，語られない．

・潜在化されている：指摘されると気づく．

【例】

　　扇風機で失敗したことはないですか？　と問いかけると，「一晩中，つけっぱなしだったことがあった」という答えが得られ，それに対して「扇風機が自動的に止まると便利ですね」という問いかけをすると，「それは良いかも！」とニーズに気づく．

・常識である：あまりに常識なので，ニーズとしては語られない．

【例】

　　家庭で使用される扇風機は，轟音を立てて作動してはならない（ニーズ）．しかし，当たり前すぎて，生活者も語らないし，メーカ担当者もそこまでは思いが至らない．

　「比較満足」「諦め」「潜在化」に対しては，生活者への問いかけを工夫することで顕在化させることができる．

　恐ろしいのは「常識」であり，常識なので，逆に誰も気づかない，誰かが気付いているだろうと思って誰も口にしない，ということでこぼれ落ちてしまうことがある．モノでも起こるが，多くの企画スタッフが関わる大規模なコト（イベント）でも起こりやすい．

COLUMN　危機管理ニーズ

　モノゴトは，順調にばかり行くとは限らない．機械は故障するし，イベントではトラブルも発生する．そうした危機への対応があらかじめ定められ，示されていることは，利用者にとって重要なニーズである．そしてそれらが定められ，丁寧で迅速な対応が提供されることは，コンティンジェントサービスにもなる．

【例】花火大会

・大勢の観客が集まるイベントでは，仮設トイレの設置が必要である．しかし，あまりに当たり前なので，関係者全員が見落としてしまっていることがある．
・イベントスタッフの更衣室や軽食を準備していない．結果，当日になって慌てる．
・イレギュラーな事態，緊急事態への対応：迷子，落とし物，不審者，急病人発生時の対応マニュアル，気象悪化によるイベント打切り基準やそのときの観客案内計画ができていない．

③　**想像，推定する　－ペルソナ手法：**　要求を抽出するために，利用者へのヒアリングやアンケート，観察は有益だが，コスト（時間や手間）がかかる．

そこで，それを補い，また，開発者の意識を統一するために，典型的なユーザを複数想定し，履歴書風に書き起こす．これをペルソナという．そして，そのペルソナを満足させるためにはどうすればよいか？　ということを関係者全員が考え，常に意識し，開発を進めていく．ペルソナを満足させられなければ，現実の利用者も満足させることはできない．

ペルソナは，経験的に5体程度をセットすればよいといわれている．ただし，そのバラつきが重要であり，同様のペルソナを5体立てても意味がない．また典型的な利用者を考えることが重要である．典型的とは，「そうそう，そういった人って利用するよね」と皆が思うあり得る人物像ということである．そしてそのペルソナであれば何を行うか？　というタスク（利用シナリオ）を推察し，そこから何を要求するか？　を推察する．

▎【例】家庭用の扇風機には何が要求されるか？

このようにいわれても，答えに窮し，思いつきになってしまう．しかし，次のようなペルソナを示されたらどうだろうか？

・大泉純二氏　男性，47歳 ・早稲田商事(株)商品開発部長 ・神奈川県川崎市在住マンション住まい ・身長175 cm　体重90 kg ・家族は妻，高校生の長男，中学生の長女 ・室内犬を飼っている ・趣味：スポーツ観戦，ビール大好き…	・山田梅子氏　女性，87歳 ・青森県八戸市在住 ・一戸建ての和室の部屋に一人暮らし ・身長145 cm　体重35 kg ・要介護1の身体能力，足腰弱い， 　不注意が増えた ・趣味：料理，おしゃべり，散歩…

大泉さんも山田さんも，あり得る典型的な利用者である．では，この人たちがどのように扇風機を利用するか，そのシナリオを考えてみよう．

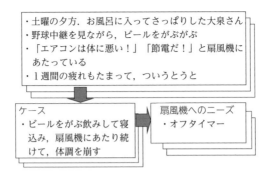

図 13-2 大泉純二さんの扇風機のシナリオ

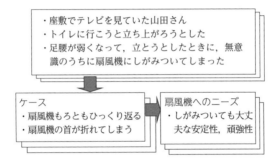

図 13-3 山田梅子さんの扇風機のシナリオ

　このような利用シナリオは多数，つくれると思う．シナリオが推察されれば，具体的にあり得るケースが想定でき，ニーズが得られていく．

【ペルソナ手法の留意点】

・ペルソナは人物が具体的に迫ってくるよう，詳しく書く必要がある．そうはいっても，必要以上に詳しく書く必要もない．このくらいの詳細度でよいのではないか，と皆が思う程度でとどめればよい．

・ペルソナをつくり，そのペルソナを満足させようということは，ペルソナ化しなかったユーザのことは意識されなくなることにもなる．そこでどのようなペルソナを立てるかは非常に重要である．モノゴト開発に役立つペルソナは必要だが，関係者にとって都合のよいペルソナが立てられてしまっては意味がない．利用者の広がりにおいて，バラつくように設定する．そのためには，開発に直接携わらない者がそれぞれ複数体のペルソナをつくり，それを持ち寄り，集約するというスタンスで臨むとよい．

・ペルソナ設定や，そのペルソナの利用シナリオの推察，ニーズの抽出のためには，実態に関わる豊かな知識が必要である．例えば図13-3であれば，高齢女性の生活実態についての知識がなければ，シナリオも，ケースもニーズも抽出できないだろう．

（2）**要求の整理**　　得られたニーズを整理する．整理することで，さらに新たなニーズに気づくこともある．

ところで，得られたニーズをすべてモノゴトに実現する必要はない．さほど重要ではないニーズも混ざっている可能性が高い．利用者も尋ねられたので「ここが不満だ」「こうして欲しい」と答えるが，それは，何かいわないといけない，というプレッシャーのもとに回答している場合もある．

①　**ニーズの必須度評価：**　　得られたニーズに対して，リスク評価を行う．ここでいうリスク評価とは，「そのニーズの実現要求度（実現しないと，どれだけ致命的な問題が生じ得るかの程度）」と，「そのニーズの要求数（ニーズを求める利用者数（市場割合），または，そのニーズが求められる頻度（要求機会数））」の「積」で評価する．

表13-1であれば，AAAは必須の要求である．A,Bは，費用がさほどかからないのであれば，実現することが望ましい．一方で，Cランクのものは，実現しても大して喜ばれないので，開発コストをかけてまで実現する必要性は乏しい．

表 13-1　ニーズの必須度評価

要求数 ＼ 実現要求度	どちらでも	あれば嬉しい	絶対必要
ほとんどない	C	B	A
相応の要求数がある	B	A	AAA
かなりの要求数がある	B	A	AAA

②　**要求の対立：**　　要求は対立することがある．

【例】
　・携帯電話：ボタンを大きくすると，本体も大きくなる．ボタンは小さく本体も小さくすると，一つのボタンに複数の機能を割り付けざるを得なくなり，分かりにくくなる．
　・アパレル（アウター）：ふわっとしたファッション性を重視すると生地が薄くなり，保温性に難が生じる．

・花火大会：寝そべってゆっくり鑑賞できるようにすると，郊外の広大な敷地での実施が必要となり，交通の便が悪く観客は少なくなる．交通の便が良いところで実施しようとすると，敷地は狭くなり，また便利ゆえに観客も増え，寝そべるどころか，大混雑になる．

この場合の対応策は次になる．

・その要求の要求度を再評価する．特に，特定の利用者の要求度のみが高いのであれば，その特定の利用者に向けたモノゴトを開発する（層別開発をする，p. 189）．

　【例】高齢者に向けて，使い勝手に特化した携帯電話を開発する．

・新たなシーズを用いて，要求の同時実現をはかる．

　【例】
　　ヒートテック素材を用い，ファッション性と保温性を同時に実現したアウターとする．

・コンセプトレベルに戻って考え直す．つまり理念（philosophy）や方針（policy）を再確認する．

　【例】
　　会社帰りの人へのちょっとしたリフレッシュという方針であったのなら，交通の便の良いところで，打上げ数は少なく複数日に実施する．打上げ花火を堪能して，一生の夏の思い出づくりをしてほしいという開催趣旨であれば，宿泊を前提に地方のスキー場など広大な場所で実施する．

13・4　設計解の導出
　　（produce design solutions to meet user requirements）

　解決すべきニーズが整理，決定できたら，それに対する解決策（design solution）を考える．そのための支援ツールとしては以下がある．

　（1）**ニーズ展開**　　利用者が求めているのはニーズの充足である．そこで得られたニーズをそのまま解決するだけではなく，ニーズを展開し，その真意を把握する．それにより，別の手段（代替案）で充足することも考えられる（p. 47，144）

COLUMN 要求の交通整理を客観的に行いたい

要求にはウェイトがあるし，対立もある．複数の解決案が得られた場合の優劣評価もしたい．それらの交通整理の手段に，さまざまな意思決定手法がある．

【例】

・階層分析法（AHP：analytic hierarchy process）：複数の評価基準（要求）について，その重要度と，それらの評価基準における代替案（設計策）の評価を行い，代替案を絞り込んでいく．

（例）複数の扇風機の設計案がある場合，そのどれが利用者のニーズに最も適しているかを明らかにする．

・決定木分析（Decision Tree）：ある事項に関する観察結果から，その事項の目標に関する結論を導く手法．例えば，ある条件においてその要求が求められるのであれば，その条件の生起率をもとに，その要求の実現必要性を評価する．

（例）「一人暮らし」「夜」の利用条件において，「扇風機のオフタイマー」が求められるとする．「一人暮らし」「夜」という各利用条件の生起率をもとに，オフタイマーの必要性を評価する．

・ISM法（interpretive structural modeling）：要素間の関係を多階層有向グラフで表現する．

（例）扇風機では「風量調整」ができるから「静音調整」ができる．そこで静音調整の実現を考える前に，風量調整に先に取り組むべきである．このように，ニーズの階層性（関係性）の全体が明らかになる．

・DEMATEL法（decision making trial and evaluation laboratory）：要素間の支配・被支配性を評価することで，より支配的（根源的）な要素，独立して対応できる要素を見いだしていく．

（例）扇風機では筐体強度は製品重量を支配する．風量はファンのサイズを支配し，さらに全体寸法を支配する．したがって，筐体強度や風量の検討から始めないと，製品重量やファンサイズ，全体寸法の検討に入ることができない．しかし，色合いは筐体強度にもファンのサイズにも影響しないので，独立して考えることができる．

【例】扇風機の音がうるさい

　　もっと静かな扇風機が欲しいというニーズがあるとする．それに対して，現状の扇風機の姿のまま，騒音源となるファンやモータの改善をはかり，実現するというやり方もある．しかし利用者は，「静か」ということを求めているので，ノイズキャンセリング装置で実現するなどしてもよい．さらにいえば，利用者は冷気をもとめているだけなのだから，放射冷房装置を用いるなどしてもよい．

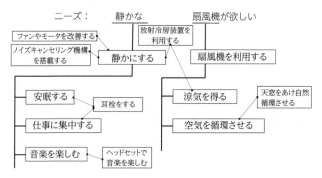

ニーズ展開の例：「なぜ？」「ということは？」をキーワードに展開することで，ニーズの真意を明らかにする.

（2）QFD ニーズは最終的に形（モノゴトの状態）として実現されなくてはならない. そこでニーズとモノゴトの特性の対応関係を把握する. この関係をマトリクス化し，実際の仕様や，モノゴトづくりの工程にまで展開していく方法が，品質機能展開（quality function deployment：QFD）である.

【例】扇風機の QFD の例

品質特性(モノゴトの特性) ニーズ	ファン	モータ	スタンド	タイマー
風量が調整できる	○	○		
風が柔らかい	○	○		
静穏である	○	○		
自動的に切れる				○
風の向きを変えられる			○	

（3）誰に合わせるのか？ ニーズを充足するモノゴトの基本的な姿（ニーズ解決の方針）が決まったら，具体的な形（仕様，設計値）を定める必要がある.

しかし，仕様を定めるときに，誰に合わせるのか？ という問題に直面する. ある特定個人に向けてのモノゴトなら，その人に合わせてモノゴトをつくればよいが，不特定多数が利用するモノゴトであれば，ニーズは同じであっても，具体的な仕様は人それぞれということもある.

【例】自動販売機のボタン

ボタンは，使いやすい高さに設置しなくてはならない（ニーズ）. では，その高さは何 cm にすればよいのだろう（設計値）. 老若男女，さまざまな人が利用するが，使いやすい高さは人それぞれではないだろうか？

誰に合わせるか？

不特定多数の使用者が利用するモノゴトでは，誰に合わせて設計値を定めればよいか？

解決の考え方は次のいずれかとなる．そのどれが，開発中のモノゴトに適するかを，よく見極める必要がある．

① **共通をとる：** 複数の利用者に，それぞれ受け入れられる（妥協できる）範囲がある場合，その範囲を重ね合わせたところに設計値を定める．

【例】 自動販売機のボタン類は，利用者の垂直作業域を重ね合わせた高さに設置する．

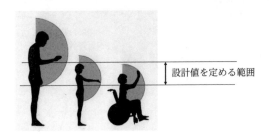

設計値を定める範囲

② **要求度の厳しいユーザに合わせる：** 一番要求が厳しい利用者に合わせて設計値を定める．そうすれば利用者全員が満足できる．

【例】マンホールの直径
想定利用者の中の体格の大きい人も利用できる直径に定める．

体格

③ **層別する（ラインアップ）：** 一つのモノゴトで全員を満足させられない場合には，利用者を層別してラインアップ（複数化）をはかる．

【例】アパレル
要求の厳しい体格の大きい人に合わせては大多数の人がぶかぶかになってしまう．そこでS, M, Lサイズなどとラインアップする．

アパレルは SML

COLUMN　正規分布

　設計値を定めるためには，利用者分布のどこに位置する利用者を対象とするかを決める必要がある．利用者の特性が正規分布すると仮定した場合，平均的な利用者に合わせて設計値を定めると，度数は最大となる（満足者の数は最大になる）．一方，要求の厳しい利用者に合わせて設計値を定めるときには，一般製品では 5（または 95）パーセンタイル値，安全に関わる製品では，1（または 99）パーセンタイル値の利用者に合わせることが多く，その範囲に属さない利用者には，介助などの別手段を提供することがなされる．層別であれば，5 〜 95 パーセンタイルを均等な区間幅に区切り，その幅の中央に位置する利用者に合わせることが多い．

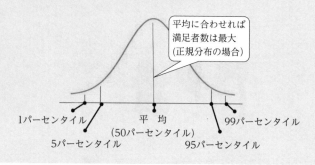

④　**平均に合わせる：**　利用者の分散が小さい場合には，平均的な利用者に合わせて設計値を定める．

　【例】筆記用具の太さ

　　手のサイズに合わせてラインアップする必要もない．平均的な手の大きさの人に使いやすい太さにする．

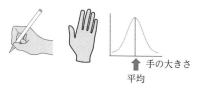

（4）　**設計ガイドラインの活用**　　具体的な設計案や設計値を定めていくために，設計ガイドライン（設計基準値/設計参考例）を社内に整備しておくとよい．それを参照することで効率的に作業を進めることができる．設計ガイドラインは過去の類似製品の開発経験や，確認テスト（p. 192）で得た経験，文献などをもとにまとめておく．

COLUMN　バリアフリーデザイン，ユニバーサルデザイン，アクセシビリティ

　施設の入口が階段であると，階段がバリア（障壁）となり車いす利用者が利用できない．しかもそれが公共公会堂であれば，社会正義に反する差別である．車いす利用者も利用できるよう，スロープやエレベータに改修することは必須である．これは，立場の悪い利用者に合わせる考え方に基づくものである．ただし，スロープより階段の方が歩きやすいという人もいるのも事実である．そこでスロープと階段を併設することがよく，これは層別となる．なお，既存の階段の不都合に後から気づき，そのバリアを取り除く（バリアフリー，barrier free）のではなく，設計の当初からさまざまな利用者のことを考えに入れ，誰もが使いやすい施設や製品を開発することが重要である．これはユニバーサルデザイン（universal design，欧州ではインクルーシブデザイン（inclusive design）といわれる）の考え方となる．さらに，そのモノゴトの提供する機能が利用できることが本質であり，その機能にアクセスできることをアクセシビリティという．公共機関の Web サイトでは，アクセシビリティが強く求められ，画面表示の拡大，音声読み上げなどの情報アクセシビリティ機能は必須となる．

設計ガイドラインは，その管理が重要となる．

・常に利用可能な形で整えておく．

・理想的なものを一気につくろうとするのではなく，差替えをしながら順次，充実していく．

・なぜその設計基準値が定められたのか，その経緯や理由を記録しておく．

特に，その経緯や理由の記録は重要であり，それがないと設計基準値や推奨例だけが独り歩きして，不適切な適用がなされてしまうことがある（p. 82，ボタンの設計基準値の例）．

（5）**星取表**　設計案が複数出たときに，どの案を採用すべきか悩むことがある．そのときには，ニーズに対してそれぞれの案の特徴を星取表に一覧化するとよい．

【例】星取表の例：高齢者向けのテレビリモコン

ニーズ	重要度	A案	B案	C案
機能の多さ	○	○	◎	△
ボタンの押しやすさ	◎	○	△	◎
表示の見やすさ	◎	○	△	◎
小型であること	△	◎	△	○

COLUMN　パターンランゲージ

　仕様を定めるときには，良い例・悪い例などの定性的な資料も，大変参考になる．それら定性資料は一定の様式で記述し，カード化して，多数，コレクションしておくとよい．

　一定の様式ということでは，パターンランゲージが有益である．これは建築家アレグザンダー（C. Alexander，1936-）が建築デザインにおいての知識記述の方法として提案したもので，建築のみならず，子育て，ソフトウェア開発などさまざまな領域に展開されている．

　建築であれば「心地よい」と感じられる街や建築物を分析して，そこにみられる特徴を整理すると「小さな人だまりができる」「座れる階段がある」「街路を見下ろすバルコニーがある」などのパターンが見いだされ，心地よい空間は，それらパターンが関連した集合として形成されるという．このパターンを，ある「① 状況」において生じる「② 問題」と，それに対する「③ 解決策（推奨策）」の三つで記述したものがパターンランゲージであり，次に役立つといわれている．

・デザイナーの暗黙知を顕在化できる．
・その暗黙知を初学者に提示することで教育に役立つ．
・建築であれば，市民と建築家の街づくり，建物づくりの共通話法として用いることで，良いコラボレーションができる．

タイトル：焦っているときの分かりやすさ

状　況
焦っているときには，多くの情報を逐一，確認することができない．情報が多いとさらに焦る

問　題
人は，ぱっと目についたボタンを操作してしまう

そこで，
行列ができて後ろの人からのプレッシャを感じるところで使われる機器，緊急時に使用される機器，時間制約があるところで使用される機器では，選択肢を減らし，オプション情報は表示せず，必要最低限の情報を提示する

ユーザビリティに利用したパターンランゲージの例

13・5　確認テスト（evaluate the designs against requirements）

（1）　確認テストの実施　　設計案を決定したら，それを評価する．評価のポイントは３つである．

・利用状況の把握に漏れはないか？
・要求の抽出に漏れや不適切な点はないか？
・設計値は適切か？

具体的な方法としては下記がある．

① **机上で確認する:** 設計者や評価者が，設計案を机上で評価する．限界があるものの，少なくとも大きな問題は見いだすことができる．

　【例】ヒューリスティック評価
　　・ユーザビリティについては，チェックリスト（p. 92），HTA（p. 92），操作時間予測（p. 94）などを使いながら，自分が利用者になったつもりで，あるいは作成されたペルソナになったつもりで，「タスクを実行するとしたらどう行動するだろうか」「うまく利用できるだろうか」と自問しながら評価する．
　　・サービスやイベントであれば，ショップや会場プランの平面図を大きな紙に描き，そのうえで，利用者を模した人形を利用シナリオやタイムスケジュールに沿って動かし，「スムーズに利用できるか」「そのときには，どう感じるだろうか」と問いながら評価する．

② **試用する（社内実験）:** 一部であっても，モックアップ（現状模型）やプロトタイプ（試作品）などがつくられている場合には，それを実験的に試用してみる．

　【例】ユーザビリティテスト
　　タスクを与えて，評価者や社内外のモニター利用者に使ってもらい，タスクをうまく遂行できるか，不便な点や使いにくい点はないかを評価する．

　【例】模擬施設
　　サービスなどであれば，模擬施設や，実際の施設の借用により，提案されたサービス通りに関係者が行動し，無理がないか，スムーズに挙動できるかを評価する．

③ **試用する（社外での評価）:** 実際に動く機器やサービスなどを，実際の利用条件下で試用し，評価を得る．この段階では，現実のモノゴトとして動く形にまで開発されているので，致命的な問題が明らかになると，再設計などのコストが非常にか

COLUMN　モニターテスト

　ユーザビリティテストにモニター利用者を呼んで評価してもらう場合，モニター参加者はだれでもよい，ということにはならない．医療機器のようなプロユース製品を，医療のことがまったく分からない一般人が評価しても意味がない．ただし，学習容易性については，むしろよい評価ができるかもしれない．一方，現場のことがよく分かっているプロでは，適切なコメントはできるかもしれないが，自分の現場経験に重きが置かれすぎてしまうかもしれない．何を評価したいのかを明確にしたうえで，適切な参加者を募らなくてはならないし，得られたコメントや評価結果は，そのまま改善ニーズとして扱うのではなく，その解釈が必要となる．

かることになる．大きな問題は前項までの評価によりつぶしておき，この段階では最後の確認，という運用をすることが必要になる．また，そのモノ単品の評価というより，現実の利用環境におけるそのモノの位置づけや，他のモノとの関係性など，利用状況との関係を評価することに重きを置くとよい．

【例】モニター家庭での評価

　　試作品をターゲットする利用者宅に持ち込み，一定期間，実際に使用してもらい，使用状態を記録し，評価を得る．

【例】小規模イベント

　　サービスやイベントなどであれば，関係者が顧客役になり利用してみる．あるいは，モニター顧客に利用してもらう．

COLUMN　あり得ることを考えて検証する

　「自転車の乗り心地を検証するために，会社のアスファルト舗装の駐車場をコースにして試乗してもらい，問題がないかを調べた」．この話をどう思うだろうか？　「アスファルト舗装の駐車場をコースにして試乗してもらう」が少し微妙である．現実には，砂利道や，ぬかるみ道，場合によると砂道を走行するかもしれない（途上国向けの輸出用製品であれば，なおさら気になる）．HCD の上流段階で確認した利用状況で検証しなくてはならず，それを置き去りにして理想的な利用状況で検証してはいけないのである．

（2）　**ダメなモノゴト**　　テストの段階，あるいは実際に市場に投入して，利用者からクレームが出る場合がある．それは，結局は，HCD の各段階での検討不足ということになる．

【例】自動販売機でリンゴジュースが買えなかった事案

　　図 13-4 は，小学校 3 年生，1 年生，幼稚園生の 3 人が自動販売機でリンゴジュースを買おうとしたときに，幼稚園生がボタンに手が届かず，買えなかった写真である．

　　「幼稚園生が 1 人で買えない」ということは，なぜ生じたのだろうか？　HCD のどこで発生したのかを特定し，HCD の各段階に戻って考える必要がある．可能性は三つある．

　　①　利用状況の把握の問題：自動販売機の利用者に幼稚園生が想定されていなかった．想定されていないのであれば，想定外の事態ということになる．

　　②　要求の抽出漏れ：利用者に幼稚園生が想定されていても，「1 人で購買できること」という要求の抽出漏れがあった．

図 13-4　幼稚園生がリンゴジュースのボタン
　　　　　に手が届かなかったのはなぜだろう？

　③　設計値の設定誤り：幼稚園生が 1 人で購買することは想定していたが，「共通
を取る」「立場の悪い利用者に合わせる」「層別する」といった対応方針を取らなかっ
た．または，方針は適切であったが，幼稚園生の手が届く高さ（垂直作業域）の算出
に失敗した．

13・6　共創ワークショップ

　（1）　共　創　　HCD のプロセスを進めるにおいては，提供者（企業など）は利
用者とのコミュニケーションが欠かせない．そうであれば，いっそ，利用者と提供者
が一緒になってモノゴト開発をした方が，互いに微妙なニュアンスも伝えやすい．さ
らに利用者も技術シーズも多様だから，より多様なプロファイルをもつステークホル
ダーが集まり意見を出し合うことで，今までにないより良いモノゴトの提案，開発も
できるのではないかと期待される．共創ワークショップはこのことを狙いとしたもの
で，モノゴトの開発を進める文字通りの「共創」活動である．

　（2）　リビングラボ

　①　**リビングラボとは？：**　共創ワークショップの一形態として，リビングラボ
（living lab）がある．これは 1980 年代にオープンイノベーションプラットフォーム
として欧州を中心に生まれたとされ，さまざまな運営形態がある[2,3]．生活者にとっ
てのモノゴトづくりということでは，端的にいえば，「ニーズとシーズが出合い，今
までにないモノゴトを共創する場」とでもいえるだろう（図 13-5）．生活者は，今

2）　株式会社の studio-L：令和元年度 中小企業実態調査事業 調査報告書（令和 2 年 3 月）．
3）　西尾好司：富士通総研経済研究所研究レポート，No. 395（2012）．

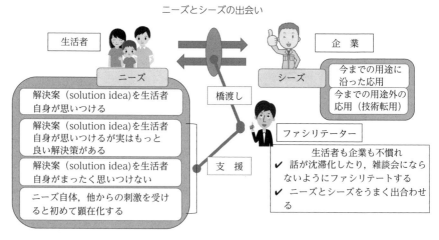

図 13-5 リビングラボの考え方

までにはない生活（モノゴト）を求め，そして企業は自社のもっているシーズ（技術やノウハウ）を新たな事業領域へと展開したいと考えているときに，「そういうニーズがあるのなら，こういった解決策が考えられる（企業側からの提案）」「そういったシーズがあるのなら，こういったモノゴトができそうだ（生活者側からの提案）」と互いに刺激し，モノゴトの最終形までを共創していくのである．

② **リビングラボのプロセス**（図 13-6）：　リビングラボでは，ニーズ抽出から解決策（solution idea）の具体化までのプロセスが踏まれる．ただし，このプロセスを厳密に踏まなくてはならないというものでもなく，行ったり来たりしながら，良い雰囲気のなかでお互いに発言し，刺激し，グループワークなどもしながら共創することが求められる．

③ **ファシリテーターの役割**：　リビングラボでは次の役割を果たすファシリテーター（進行役）が必要である．

・参加者が互いに緊張して話が弾まない．一方で雑談になってしまうこともある．あるニーズやアイデアが示されたとき，「それは無理！」などと批判されてしまうと，参加者は口を閉じてしまう．そのようなことにならないよう，良い雰囲気（心理的安全性のある場）をつくり，共創へと導く．これはリビングラボの全プロセスで重要となる．

・ニーズの真意を掘り下げていく支援をする（図 13-7）．

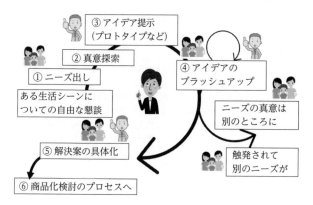

図 13-6 リビングラボのプロセス

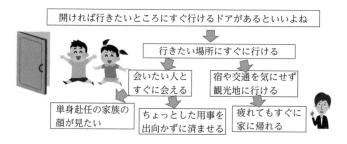

図 13-7 ファシリテーターの役割：ニーズの真意の探索支援
「ということは？」「なぜ？」と問いかけていく.

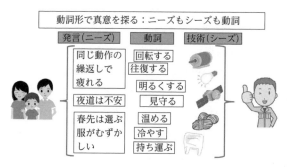

図 13-8 ファシリテーターの役割：ニーズとシーズの出会いへの誘導

COLUMN　やってみる

　医療では「診断的治療」と呼ばれる方法がある．ある症状があるとき，その原因（疾患）は確定できていないのだが，とりあえず可能性のある疾患を仮説として想定し，治療を始める．そして効果があったら，その仮説は正しかったと判断する，ということである．乱暴なようだが，症状がどんどん悪化しているような場合には，原因究明（検査による確定診断）に時間をかけることができないので，こうしたアプローチがとられる．

　またマネジメントでは，PDCA（Plan（計画立案），Do（実施），Check（評価），Act（改善））サイクルが有名である．これは計画を立てて，その計画とのずれを是正することで計画通りにモノゴトを進めようという考え方である．一方，航空（米空軍）から発展したマネジメントのアプローチとして OODA（ウーダ）ループという考え方がある．Observe（観察），Orient（状況判断と方向づけ），Decide（意思決定），Act（行動）の頭文字をとったもので，変化する状況においては，状況変化に気づき，その意味を理解して迅速に対応方針を決め，実行するということである．

　これらに倣うと，HCD のプロセスを丁寧に回してから発売するというのではなく，商品ニーズを嗅ぎ取ったのなら，即，つくってみる．そして生活者に提示したり，試験販売をして良好な反応であれば適切であったと判断する，というモノゴトづくりのアプローチもあると思う．リビングラボの考え方も，OODA ループに近いかもしれない．とはいえ，無謀な冒険であってよいわけはない．頭の中でHCDを回すことのできる相応の力量のある開発者が行うべきことである．

・ニーズとシーズがうまく出会うように誘導する（図 13-8）．ニーズは最終的には「〜がしたい」「〜でありたい」といった動詞で表現できる．一方，シーズも「〜ができる」「〜させられる」という動詞で表現できる．この動詞表現でニーズとシーズを結びつける．

13・7　広告・宣伝

　良いモノゴトを開発しても，それが生活者の手に届かなければ開発した意味がない．そのためには，利用者に対して，そのモノゴトを知ってもらう必要がある．これが広告，宣伝ということになる（p. 7）．

　広告・宣伝では，「媒体選択」と「コンテンツ制作」の二つがポイントになる．

　（1）　媒体選択　テレビ，ラジオ，宣伝車，新聞，雑誌，チラシ（折り込み，投げ込み），電車のつり広告，ダイレクトメール，インターネット広告などなど，多様な媒体があり，そのどれを選ぶかがポイントである．

　各媒体とも，その時間帯の視聴者層，新聞，雑誌であれば購読者層と，開発したモノゴトのターゲット層を一致（ヒット）させないと効果がない．

　さらに，保存性も考える必要がある．紙媒体やインターネット広告では，モノゴト

の詳細を説明でき，また時間的保存がきくが，テレビやラジオのCM，目の前を通り過ぎる宣伝車は，数秒から数十秒が限界であるから，モノゴトにぱっと関心をもってもらうことはできても，詳細までは紹介できない．

(2) **コンテンツ制作**　媒体が決まったら，次にコンテンツを決めていく．

① **基本事項の確認**：　企業理念，そのモノゴトの開発目標，ターゲット利用者（立てたペルソナ）を確認する．それらが明らかにされ，コンテンツが制作されなければ，その広告・宣伝は，そのモノゴトのターゲット利用者の心に映らないからである．

② **広告・宣伝のモデル**：　広告・宣伝は，消費者にモノゴトを認知させ，実際の利用（購入）につなぐことがその役割である．このプロセスを表す購買行動モデルとしては以下がある．

・AIDMA モデル：米国のホール（S.R. Hall）が1920年代に提唱した消費行動のモデル．消費者は次のプロセスを踏んで商品購買（利用）に至るという．そこで，広告・宣伝はこのプロセスを支援するように設計される必要がある．

Attention（注意）	広告などにより注意が惹かれ，商品の存在を知る．
Interest（関心）	興味，関心をもつ．
Desire（欲求）	手に入れたいとの欲求が喚起される．
Memory（記憶）	すぐに購買できないのであれば，その商品を記憶する．
Action（行動）	販売ルートが確保され，実際に購買する．

・AISAS モデル：インターネット時代の商品購買において，2004年に（株）電通が提案したモデル．

Attention（注意）	広告などにより注意が惹かれ，商品の存在を知る．
Interest（興味）	興味，関心をもつ．
Search（検索）	その商品についてさらに深く知るために，インターネットを利用して情報収集（検索）がなされる．
Action（行動）	販売ルートが確保され，実際に購買する．
Share（共有）	実際の利用体験を，SNSなどで拡散し，他者に共有する．これは他者においては，A, I, Sの情報源になる．

・SIPS モデル：2011年に（株）電通によって提案された，SNSなどのソーシャルメディアによる消費者のコミュニケーションに着目したモデル[4]．

4）　株式会社電通：NEWS RELEASE，サトナオ・オープンラボ（平成23年1月31日）．

Sympathize（共感する）	誰か（個人, 企業）や, 商品それ自体が発信した情報に対して共感する.
Identify（確認する）	その情報の真偽や, 発信されているその商品の特徴について, 自分に価値があるものなのかを確認する.
Participate（参加する）	実際に購買（利用）する. または, 発信されている情報に対して「いいね」をつけるなどの行動を起こす.
Share（Spread） （共有・拡散する）	利用体験を SNS にアップするなどにより, 他の人の Sympathize を刺激する.

（3）　広告・宣伝の人間生活工学　　宣伝・広告は, 生活者とモノゴトをつなぐインタフェースである. そこで, HCD を踏み制作される必要がある. その媒体, コンテンツ, 表現についても, 本書で述べてきた多くのことがらが参考になる.

　①　**広告・宣伝の表現**：　「分かりやすさ（第5章）」が参考になる. 例えば次である.

　　・Z の法則, F の法則, N の法則

　　・図と地の効果

　　・意味あるものが記憶に残る

　　・ナッジ

　　・インフォグラフィックス

　②　**体験型の広告・宣伝**：　コト商品では, 代金前払いのものが多く, しかも相応の期間利用しないとそれが自分に適しているかを判断できない場合が圧倒的に多い. 学校の授業がそうで, 授業料は前払いだが, 授業の受講はその後である. そして不満足でも授業料は返金されない. 映画, 夢の国の遊園地などもそうである. 価格が高いほど, 購買時には不安がよぎる. そこでさわりだけを体験させて購買に引き寄せることがなされる. 模擬講義, 映画の予告編などがそうである. またすでに購買し, 利用した人の評価も, 疑似体験として購買意思決定に重要な役割を果たす.

　③　**推薦システムと薄気味悪さ**：　Web サイト（EC サイト）では, その人に合ったお勧め商品が推薦されてくる行動ターゲティング広告が採用される例が多い.

　推薦の仕方としては, 登録されている利用者のプロファイルや, その人のそれまでのサイト内での購買や閲覧履歴をもとに, その利用者の嗜好や生活傾向の分析がなされ, 推薦することがなされている. また異なる Web サイトの閲覧履歴をもとに推薦する追跡型広告, ある Web サイトを閲覧していたら, サイトのコンテンツからして, 当然こうしたことにも関心があるだろうと AI が判断して関連商品を推薦するコンテキスト広告などがある. いずれの場合も, 自分の関心に近い商品が広告される（関心のない商品は広告されない）ため便利である. 多くの商品選択肢がある場合に

は，推薦は一つのナッジとしても作用する（p. 64）．しかし，個人情報保護の問題や，システムが自分の適する商品をつねに広告してくることに対する薄気味悪さなどの問題も付きまとう．

④ **期待値のコントロール**：　広告・宣伝に接したら，購買に心を動かしてもらいたい．そのためには「期待」を高める必要がある．ただし「期待」を高めすぎると，今度は「期待外れ」になるという悩ましさがある．場合によっては，誇大広告，虚偽広告といわれてしまう（p. 152）．

（4）イノベーター理論　特定のモノゴトの広告・宣伝であれば，当然その購買者に向けて設計することになる．このとき，特に新しいモノゴトについては，受け入れの早さにより，購買者はおおむね図 13-9 の割合の 5 グループに分かれるという．イノベーター理論といわれ，ロジャース（E. M. Rogers, 1931 – 2004）により 1962 年に提唱された．どのグループを対象にした広告・宣伝なのか，すなわち，その新しいモノゴトが出現してからの時間経過に応じて，コンテンツや表現を変える必要がある．

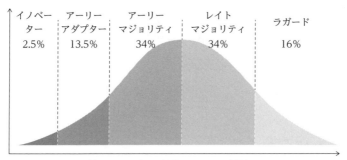

・イノベーター (innovators)	革新層．自分にとって便益があるのかということをあまり考えることもなく，新しいということだけで真っ先に受け入れる層．
・アーリーアダプター (early adopters)	初期採用層．流行に敏感で，新しいモノゴトを早期に受け入れ，時流をつくっていく層．
・アーリーマジョリティ (early majority)	前期追随層．新しいことに関心はあるが，自分にとっての便益や，アーリーアダプターの評価を見極めてから購買をする慎重な層．
・レイトマジョリティ (late majority)	後期追随層．周囲を窺い，多くの人が受け入れていることを確認してから受け入れる層．
・ラガード (laggards)	遅滞層．保守的であり，もはやそれが当たり前のことになり，多くの人が生活の一部としていることを確認してから受け入れる層．

図 13-9　購買者のグループ分け

1. 身近なモノゴトを取り上げ，そのモノゴトは誰を狙いにしたものか？（ターゲットとする市場はどこか？）を考察してみよ．

2. 本章にならって，あるモノゴト利用者のペルソナをつくってみよ．そのペルソナがそのモノゴトに望むこと（ニーズ）の抽出を試みよ．またそのニーズの必須度評価を行え．

3. 利用に不満のあるモノゴトについて，それは HCD のどのステップに関わる不満なのかを考察してみよ．

4. パーセンタイル値について調べてみよ．また次の問題を考えてみよ「あなたはアパレルメーカの営業担当者だとする．900 着の T シャツを受注した．層別が重要ということで，5 ～ 35 %ile（パーセンタイル），35 ～ 65 %ile，65 ～ 95 %ile の 3 層に顧客を分け，それぞれの層に向けて，それぞれ 300 着ずつ工場に発注することにした．この発注数でよいだろうか？」

5. 自分がファシリテーターとなり，炊事，洗濯，掃除などの適当な生活シーンを取り上げて，リビングラボを開催してみよ．

6. 身近な広告・宣伝について，それは誰を対象にしたものか，考察してみよ．またその媒体，コンテンツ，表現などの妥当性を考察せよ．

14

生活研究の方法

製品安全へのリスクアセスメントのプロセス（第9章）や，人間中心設計プロセス（第12章）を機械的に回しても，よいモノゴトはできない．生活者の生活ぶりへの深い理解が必要である．本章では，その理解のための生活研究について説明する．

14・1　生活研究

生活研究は，生活者を観察し，理解し，モノゴトつくりにつないでいく「研究」である．その研究プロセスを順を追って説明する．

（1）　仮説の考え方

① **RQ を立てる：**　生活者やその行いを真剣に観察していくと，おや？　と思うことがある．それは研究のきっかけになる重要な疑問であり，疑問をもつことがまずは何よりも重要である．そして，その疑問をさらに研究課題として整理したものをRQ（research question，研究の疑問）という．解明されるべき課題ということである．

【例】芝生の剝げ

図 14-1 を見て，どう思うだろうか？　ある大学の中庭である．芝生が通路のように剝げている．「おや？」という気づき，そして「芝生の一部が剝げているのはなぜだろう？」という疑問をもつことが重要である．そうして，調べてみる価値があるのではないかと思ったのであれば，それが RQ になる．「芝生が剝げているのは，多くの人がそこを歩いているのではないか？」「人が歩きたがるところは，人によらずに同じなのではないか？」などということである．

剝げているところ

図 14-1　芝生が剝げている大学の中庭

② **仮説生成：** RQ から仮説を生成する．なぜそこを人は歩いているのだろう？と，深く見つめていくと，向こうに校門があることにさらに気づく．そうなると「校門に直行するために芝生を突っ切る」ということが一つの解釈（考察）となり，さらにそれを抽象化すると「人は目的地に近道をするものだ」という仮説が立つ．

仮説を生成する段階で，先行研究や，すでに明らかとなっている理論が参考になることもある．また，他の疑問が仮説生成の傍証になる場合もある．

【例】近道ルートにあった表示
　　図 14-2 のような表示が設置されているのは，植え込みが踏みつけられている場所であり，その場所は門に向かって直行できるところであった．これは近道仮説の傍証となる．

図 14-2　通り抜け禁止の立て看板

③ **仮説検証：** 仮説検証は，その仮説に再現性があるかどうかを調べていくことである．次について再現性を評価する．

・他の人でも同じことが見られるか？（人的再現性）

・場所を変えて同じ傾向がみられるか？（空間的再現性）

・時間を変えて同じ傾向がみられるか？（時間的再現性）

【例】近道行動仮説
　　図 14-3 のような事例も集まってきたとする．これらは空間的再現性を示唆するものである．

図 14-3　芝生が剥げている事例

ある仮説に対して再現性が見られればみられるほど，その仮説の"もっともらしさ"の度合いが増す．"もっともらしさ"の度合いが増し，"もっともだ"と人々がいうようになれば，それは仮説を脱し，一つの説（理論）であるとして扱われるように

> **COLUMN　RQ と研究の意味**
>
> 　RQ が立てられたからといって，それについて研究を進めることに意味があるかは，別問題である．
> ・研究意義があるか：私たちが行っている生活研究は，最終的にはモノゴトづくりに役立つという目標がある．そこで，モノゴトづくりに役立つ出口が見えないのであれば，研究を行う必要性は乏しい．
> ・解明されているのか：すでにその RQ に関わる理論や解決策が確立されているのであれば，改めて研究を行う必要性はない．
> ・自分の手に負えるか：研究には時間や費用もかかる．自分の手に負えない RQ にいきなり取り組んでも挫折してしまう．
> 　ただし，これらのハードルがあるからといって，せっかく立てた RQ から，あっさり手を引いてしまってはいけない．霧のかかった見通しであるかもしれないが，モノゴトづくりに生かせないか，未解明の部分はないのか，費用をかけずとも検討できるやりようはないのかなど，真剣に考えることが重要である．

なる．

　④　**仮説の修正：**　仮説は仮説であるから，検証により必ずしも立証されるとは限らない．

・全面的に棄却される：近道行為をうかがわせる事例は多数，集まってきたが，その原因を調べたら，全例ともに，芝の種まき忘れであった…，などということが分かったのであれば，近道仮説は棄却される．

・修正される（詳細化される）：芝生の剝げを歩いている人を観察した結果，例えば次が分かってきたとする．

　　【例】
　　・ある年齢層だけが歩き，他の年齢層はそこを歩かない
　　・朝の始業直前の時間帯は歩かれるが，他の時間帯は歩かれない

　これらが見られたとするのなら，「人は近道をするものだ」という仮説は修正（詳細化）される．すなわち，前者であれば「～の年齢層は近道をするものだ」であり，後者であれば「人は忙しいと近道をするものだ」となる．これらは修正された仮説であるから，さらに再現性を求める検証がなされ，立証されることで，理論といえることになる．

　⑤　**理論の応用：**　仮説が理論になると，応用ができ，私たちの生活をより豊かにすることができる．

【例】芝生の剥げのない中庭

最初から近道に沿って通路をつくれば，その通路から外れたところを歩く人もおらず，芝生が剥げるという見苦しい状況もなくなり，剥げた芝生の補修費も不要になる．

近道ルートを歩道にした例

（2）**仮説検証の考え方**　N数（調査数）を増やすことにより再現性を吟味することは，仮説検証の基本である．N数が多いと，客観性が増し，説得力が増す．

ところで自然科学であれば，時間的，空間的な再現性は実験的に厳密に検証することは多くの場合，可能である．一方，生活仮説であると，その検証は容易ではない場合もあるし，厳密な検証は不要な場合もある．

・**検証にはコストがかかる**：生活空間に入り込んで再現性を調査するということは，手間（コスト）がかかる．

・**再現性が完全には保障されない**：時間的，空間的な再現性は人的再現性の結果でもある．しかし，人の行動はバラつきが大きい．人間の行動にはさまざまな要素が関係する．つまり，人的再現性は必ずしも高いとはいえない．図14-3であっても，芝生を大切にする，マナーが良いなどさまざまな理由により，迂回する人もいるだろう．

・**再現性以外の手段で検証ができる**：人的再現性については，N数を増やすのではなく，そのような行動をしている人に対して，なぜそういう行動をしているの

COLUMN　ニュートンのリンゴ

実話かどうかは定かではないが，物理学者ニュートンのリンゴの逸話は，示唆深い．彼は裏庭でリンゴが落ちるのを見て，「おや？」と思い（RQ），「モノは落ちる」ということは「物と物は引っ張り合うのでは？」という仮説を立て，その再現性が保証され，定式化されていったので，最終的に「万有引力の法則」という理論が樹立されたのである．重要なことは，リンゴが落ちるのを見て，「おや？」と思い，仮説を生成したことである．「おや？」と思わないことには，何も始まらず，いまだに万有引力の法則は存在せず（見いだされず），技術は進歩せず，結果，私たちの生活はニュートン以前の時代に固定されたままであったということになる．

か？　直接，尋ねるという手段もあり得る．つまり行動（結果系）ではなく，動機（原因系）を調べることが可能である．動機（原因系）が合理的に理解可能なのであれば，それをもって，仮説のもっともらしさの度合いは格段に高まる．

・**おおよそでよい**：反例を克服し，厳密な理論を樹立すべきか，ということも疑問である．私たちが行う生活研究は，モノゴトづくりのためである．厳密に仮説を検証する必要は必ずしもない場合もある．図14-3であれば，迂回をする人がいたとしても，近道をする人がいるのも事実であり，通路設定ということでは，人は近道するものだよね，というおおよそのレベルで検証できればよい．

・**共同主観により先に進む**：「客観」と「主観」の間には，「共同主観（間主観）」が存在する．要は，ある人の主観に皆が同意するのであれば，それは客観性のあるものとして先に進めようということである．声の大きい人に引きずられたり，その場の雰囲気に流されるような集団浅慮になっては困るが，生活仮説の検証においては，共同主観によって仮説が支持されたとして話を進めてもよい場合も多い．

14·2　RQそして仮説を立てるための生活観察の方法

生活観察の対象となるものには，次がある．
・生活者の行動やその履歴に関わるビッグデータ，自由意見などのテキストデータ
・アンケートやインタビューなどの言語データ
・生活者の行動，行為の直接の観察
・生活者が使用しているモノ，モノについた生活の痕跡

（1）**ビッグデータ**　あるモノゴトの利用に関わるインターネット上の書き込み，お客様愛用はがきなどの自由記述文などのテキストを大量に集めて，それを分析すること（テキストマイニング）や，大量の行動履歴データを分析する（データマイニング）ことで，生活者に関わる仮説を立てていくことができる．

　【例】テキストマイニング
　　・単語の出現頻度を見る：そのモノゴトに対して利用者は好意的か否か，またその理由は何かなどについて，仮説を立てることができる．好意的な言葉が多いのであれば，そのモノゴトは好意的に受け止められていることが推察される（その逆は逆である）．また，例えば「デザイン」「使いやすい」などの言葉が高い頻度で出現しているのであれば，利用者の関心はそこにあるとの仮説が立てられる．

- 共起する単語を見る：「楽しい」「面白い」「つまらない」「使いにくい」などの評価用語と，「デザイン」「ボタン操作」などの製品特性要素を表す単語がペアで使われている状態（共起状態）から，満足や不満足の仮説が立てられる．
- 時系列な出現を見る：あるモノゴトの発売前・後での書き込みの変化を見ることで，その製品の事前期待に対する満足度状態などの仮説を立てる．
- 特定のモノゴトを想定せずに，ある年齢層や，ある時期の生活者のブログなどを多数集め，テキストマイニングする：これにより，その年齢層やその時期の生活者はどのようなことに興味や関心，不安をもっているか？　ということを推察することができる．

【例】　ワードクラウド表示

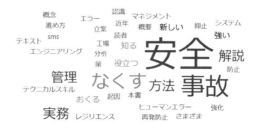

図 14-4　テキストマイニング（ワードクラウド表示）の例

図 14-4 はテキストマイニングの結果表示の例である．ワードクラウドといい，出現頻度が多い言葉が大きく表示されている．解析対象はある書籍の広告文であるが，「安全」が重要なキーワードであり，「事故」を「なくす」ための「管理」「実務」「方法」が「解説」されていることが浮かび上がってくる．つまり，それがこの本の概要であり，さらにいえば著者がこの本で訴求したいことである，との仮説ということになる．

[元の文章]

> 　本書は，ヒューマンエラー再発防止の安全分析や対策立案などのマネジメントの方法やスキルを知りたい読者におくる安全管理のテキスト．SMS の概要と進め方およびヒューマンファクターに起因する事故の抑止策（ヒューマンファクターによる事故をなくす，ヒューマンファクターにより事故をなくす）について，"レジリエンスエンジニアリング"や"ノンテクニカルスキル"など新しい概念をもしっかり解説し，実務者に役立つ．近年，安全におけるエラー防止の限界が実務界でも強く認識されている．ヒューマンファクターへのさまざまな対応方法だけでなく，現場力の強化・工場の安全管理システムなどについても解説．
> [小松原明哲，"安全人間工学の理論と技術－ヒューマンエラーの防止と現場力の向上"，丸善出版（2016）の広告文]

【例】データマイニング

- ・電子マネーを使っての購買履歴，携帯電話の位置情報，ネットワーク家電の使用履歴なども大量に集めることで，人々の行動傾向を浮かび上がらせることができる．
- ・クレジットカードの利用履歴では，カード所有者の属性（デモグラフィックなデータ：年齢，性別，居住地，職業，所得，家族構成など人口統計学的データ）との関係から，より深い分析ができる．

テキストマイニングやデータマイニングは，生活研究の強力な手段として期待できるが，以下に注意する必要がある．

- ・**仮説があるとよい**：手あたり次第とりあえず分析して，そこから RQ を探索するというのも一つの手かもしれないが，それは際限がない．そうではなく，例えば「SOR 理論によると，好き嫌いはモノゴト属性により説明ができ，さらにデモグラフィックデータが媒介になっているのでは？」など，あらかじめ仮説を立てて分析することがよい．
- ・**良質なデータであること**：テキストデータであれば，不真面目な回答はノイズであり，ノイズが多数を占めているのでは，知りたいニーズ（信号）がノイズに埋もれてしまい，分析しても意味ある結果を得ることができない．
- ・**属性の影響**：多数のデータが得られたとしても，属性により傾向が異なっている場合には，打ち消し合って意味ある傾向が見いだされない場合もある．例えば，属性によって評価が正反対となるイベントがあったとして，その評価に関わる単語の出現頻度だけを調べると，好意的，否定的な単語が等頻度で出現することになってしまい，そのイベントは賛否両論があった，程度のことしかいえなくなってしまう．
- ・**収集手段の問題**：例えば SNS に記載されたテキストは，SNS を利用し，かつ発信に熱心な人のデータである．そうではない人のデータは得られていない．したがって，それが市場の意見であるとはただちにいえない場合がある．
- ・**倫理配慮**：個人の購買履歴などのデータは，高度の個人情報である．個人情報保護が必須である．また仮に個人が特定されない形で利用するとしても，無断で利用されていることは気分の良いものではない．利用に先立ち，同意を得るべきである．

（2）　**アンケート，インタビュー**　　アンケートやインタビューは，生活者の願望，満足，不満，意見を直接，教えてもらう手段として重要であり，生活観察の基本である．ただしアンケート，インタビューで得られることは，言語データであり，意

識されていること（言葉になること）は得られるが，意識されていない潜在ニーズは得にくいことには注意が必要である．

① **アンケート**： アンケートの形式にはいくつかのものがある．

【例】
- ・選択式：複数の選択肢をあらかじめ定め，そこから該当するものを選ばせる．
- ・評定尺度：評定尺度（リッカート尺度（Likert scale）という）を定め，自分の評価の程度を選ばせる．
- ・自由回答：自分の思っていること，感じたことを自由に回答させる．なお，回答者が協力的であり，評価の観点を有している場合には完全自由回答でも意見が得られるが，そうではない場合には，使いやすさについてどう思うかなど，回答の観点を与えたほうがよいことが多い．

アンケートは容易であるが，その実施においては，多くの注意点がある．

【例】
- ・暗黙の誘導：アンケート実施者は，往々にして自分の望む答えを誘導するように設問を設定したり，選択項目を並べてしまうことがある．
- ・ナッジの効果：選択肢の立て方によっては，賛否結果が変わってしまう（p. 64）．
- ・評定尺度：両極は評定されない傾向がある．特に高齢者では，設問を，むずかしく考えてしまい，「どちらともいえない」が選択される例が多くみられる．
- ・所要時間：回答に時間がかかるほど，協力率は下がる．後の設問ほど，丁寧に回答されない傾向がある．
- ・インセンティブ：回答の協力度を上げるために，インセンティブ（報酬）を与えることは有効だが，報酬欲しさに無理に（適当に）回答されてしまうことがある．
- ・匿名性の保障：回答者が誰かが実施者に分かってしまう形態のアンケートであると，実施者に迎合し，本意を回答してくれないことがある．

② **インタビュー**： インタビューの方法にはいくつかのものがあり，目的に応じて使い分ける．

【例】
- ・構造化インタビュー：尋ねる項目をあらかじめ決めておき，それに従い質問をして回答してもらう．質問事項のバラつきが避けられるので，インタビュアーが複数おり，それぞれが担当する回答者にインタビューを行う場合には，この方式がよい．言いよどむなど回答の状態も記録するとよい．

- ・半構造化インタビュー：尋ねる項目はあらかじめ決めておくが，回答内容に応じて，そこから派生した質問も許容する.
- ・非構造化インタビュー：相手に語ってもらうことをメインにし，不明点や，インタビュアーがその場で感じた RQ についてさらに深堀をして回答を得ていく.
- ・グループインタビュー：例えば，あるモノゴトを利用した人，4 ～ 5 人に集まってもらい，自由に語り合ってもらう.

インタビューの注意点としては以下がある. インタビューの結果は，そのまま鵜呑みにするのではなく，それが真意であるかどうかの評価が必要になる.

【例】
- ・本当にそう思っているのかは分からない：何かいわないといけない，という心理から，心にもないことを口走る場合がある.
- ・インタビュアーに迎合する：インタビュアーの表情などに反応して，インタビュアーの望む回答をしてしまう. とはいえ，インタビュアーが無表情だと，回答もできなくなってしまう.
- ・その場で回答を思いつけない：その場で尋ねられてその場で回答するということに慣れていない人も多く，うまく回答ができない場合がある. また後で落ち着いて考えると，言い残したことに気づく場合があるが，それを後からインタビュアーに連絡しようとまではなかなか思わない. これを避けるためには，インタビューで回答してもらいたい観点（構造化インタビューのリスト）を事前に回答者に渡しておくとよい.
- ・グループインタビューの難点：話が盛り上がり，いろいろな意見が得られることも多いが，雑談に終わり，意味ある意見が得られない場合もある.
- ・集まった人に先輩後輩関係などがある場合，先輩に遠慮して後輩が発言しない.
- ・初対面同士だと，なかなか打ち解けない. 雰囲気を和らげるアイスブレイク（ice break）が必要になる.
- ・声の大きい人に引きずられる. また同調効果により，最初に発言した人と異なる意見表明がなされにくい.

③ **ナラティブアプローチ**： ナラティブ（narrative）とは語りのことで，語ってもらうことで，自分自身に気づく臨床心理学，質的心理学の方法である. 死期の迫った方の語り，大切な家族を亡くされた方の語りなどの例がある. 本人も何が不安なのか，悲しいのかを明確に自覚していない場合も多いが，語ることによりそれを自覚し，自ら解決につないでいくことができる. またそうした境遇にある人の気持ちを知るために用いられている. 言葉の言いよどみ，沈黙，といったことが，重要なデー

> **COLUMN　ある住宅営業**
>
> 　ハウスメーカーの営業社員が，二世帯住宅の引き合いを受け，勇んで提案図面をつくっていくのだが，姑が細かい点について指摘をする．そのたびに新たな修正提案を持参するのだが，やはり同じである．あるときに訪問したところ，たまたま姑だけがいたので，ゆっくりと話を聞いたところ，二世帯住宅といえども子世帯との同居に強い不安をもっていて，実のところは同居したくないと思っていることが分かったのだという．つまり，住宅というモノに不満があるのではなく，一緒に暮らすというコトに対しての不安の払拭が必要ということであった．モノゴトを考えていくときには，利用者の気持ちへの寄り添いが必要となることがあり，その気持ちを明らかとするには，ナラティブアプローチが参考になる．

タとなる．

　モノゴトづくりでは，ここまで深い研究はなされることは多くはないが，例えば，ある新製品を頑として利用しない人がいる場合，そのことについて語ってもらうと，深層にあるさまざまなことが分かる場合がある．"その製品のメーカーの工場見学に以前，参加したのだが，不親切にされたので，絶対に使わない"，"今，使っている製品には深い思い出と愛着があり，それを捨てて新しい製品を使うわけにはいかない"などということが分かるかもしれない．つまり，モノの問題ではなく，その背景にあるコトが問題なのであって，そのコトへのはたらきかけが必要ということが見えてくる．

（3）　行動/行為観察

　①　**観察するとは：**　生活者の生活や，あるシーンにおいての行為を観察する．観察する目的はさまざまである．

> **【例】**
> ・ある特定のモノゴトの問題点やニーズを探るために，利用者の利用ぶりを観察する．
> ・ある特定シーンにおいてのモノゴトの改善を行う．例えば，ある店での顧客行動を調べることで，売上げを増加させる商品陳列の仕方の仮説を立てる．
> ・ある製品について，想定される典型的なユーザの行動を深く調べ，そこで分かったことを入口（突破口）に，製品全体のユーザについての仮説を立てていく．
> ・あるシーンにおいての生活者の潜在ニーズを探っていく．例えば，特急列車で旅客はどのような過ごし方をしているか？　ということをもとにして，新たなサービス提案への仮説を得る．
> ・時代の先端を行く人の生活ぶりを観察する．そこで得られた仮説は，これからの時代の兆しとして，新たなモノゴトづくりへの手がかりとなる．

COLUMN　目的をもたずに生活者を観察してみよう

　公園，ショップ，駅頭，街路，待合室，喫煙所などで，人を観察してみよう．何か発見はない
だろうか？

**左側通行でなくとも，
左側を歩く人が多い**

　例えば，「車は左，人は右」と小学校で教わったが，道路では，なぜか左側を歩く人が多いよ
うに思う．実際，筆者の経験からしても，右側を歩くより，左側を歩いた方が，何か歩きやす
い．そうであれば，「右側通行」というコト（誰かが定めた人工物）は，不自然であるのでは？
という RQ が得られる．

　②　**観察の時間軸：**　行動観察するときには，その観察の期間と，日，時，分，秒
など観察の時間粒度を考える必要がある．それらは観察の目的次第であり，楽しいモ
ノゴトづくりと同じである（第 12 章）．

　【例】
　　　・ある製品の使いやすさの改善，ということであれば，そのモノを使い始めてから使
　　　　い終わるまで，秒分の粒度で観察する必要がある．
　　　・特急列車の中で旅客はどのような過ごし方をしているか？　ということであれば，
　　　　列車の出発（発車直後）から到着までの期間を区切って，旅客の様子を観察するだ
　　　　ろう．

COLUMN　文化人類学の方法

　文化人類学では，言葉が通じない部族の風俗や風習を探る．言葉が通じないので，行動を観察
するしかない．また社会学や民俗学では，職場や地域の寄り合い，学校の教室などの“掟（ヴァ
ナキュラー）”を探っていく．しかし，相手に「この集団の掟や暗黙の決まりごとは何ですか？」
と尋ねても，誰も答えられないかもしれない．その集団に所属する人の行動を観察して，ヴァナ
キュラーを見いださなくてはならない．そうした観察記録をまとめたものをエスノグラフィ
(ethnography) という．エスノグラフィは観察者が対象を読み解いたレポートであり，内容に
共同主観の合意がとられるのであれば，それはそういうものだということになる．
　新しいモノゴトを考えていくうえでは，文化人類学や社会学，民俗学にならって，そこにおけ
るヴァナキュラー，風俗や組織風土への理解を深めることが重要である．なぜなら，それらにそ
ぐわないモノゴトをつくっても，何か違和感があり，受け入れてもらえないからである．

・季節の影響，例えば気温と学生の着衣の変化，時代の流行ということを調べるのであれば，春夏秋冬，キャンパスの同じ場所で，同じ観察を繰り返すことになる．

③ **誰を観察するのか？：** 観察対象者になり得るのは，「主利用者」「副次利用者」「同席者」の三者（p. 11）であり，また利用プロセス各段階である（p. 13）．その誰を観察するのか？　全員を観察するのか？　ということも，観察の目的次第である．

【例】
・乗用車の車内快適性を評価したいのであれば，出発から目的地到着までの時間軸において「主利用者」「副次利用者」の挙動を観察することになるだろう．
・花火大会といったイベントでのニーズを総合的に調べるというのであれば，観客，誘導スタッフと大会本部員，場合によると近隣住民や単なる一般歩行者の挙動や相互関係性を調べる必要があるだろう．

④ **観察の観点をもつのか？：** 観察する際には，観察の視点があると効果的である．観察の視点は，観察の目的次第である．

【例】
ある生活場面においての改善を目的とする観察であれば，観察対象者の困惑（使いにくさ），不快な様子（感情），無理な姿勢や苦痛な表情（ワークロード）などの改善テーマ（観察視点）をもって観察する．その際には SHEL モデルが参考になる（p. 142）．観察対象者が SHEL モデルのどの周辺要素と関係したときに，そうした改善テーマについての状態を示したかを調べる．

⑤ **いつまで観察を続けるのか？：** 観察を重ねれば重ねるほど，対象に対する理解は深まるが，新たに見いだされることは少なくなる．イメージとしては対数増加である（図 14-5）．やがて，これ以上観察しても何も出てこないのではないか？　と

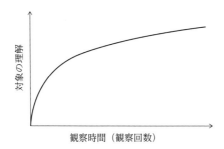

図 **14-5 観察時間と対象の理解は対数増加である**

対象の理解

観察時間（観察回数）

COLUMN　ベタの観察を避ける

　対象者の行動や行為の観察は重要だが，対象者にべったり張り付いて観察をするのは容易ではない．そのときの代替策として次がある．
・ビデオで撮影し，それを数倍速で再生する．行動が強調され，同じ行為が繰返しなされていることなどに気づきやすくなる
・対象者の行為とその割合を求める場合は，対象とするタスクに繰返しがある場合にはランダム時刻に，そうではない場合には，10 分おき，30 分おきなどに，そのときの行為を観察記録する．これをワークサンプリングという．観察回数が多いほど，結果に対する信ぴょう性が高まる．

飽和感を覚えるタイミングがある．そのときが観察の終了時点となる．また，観察目的と観察コストの関係で適当なところで打ち切ることも必要になる．ただし，すべてが理解し尽くされているわけではもちろんないので，"それまでの観察で分かったこと"という条件付きで結果をまとめることになる．

　（4）　**モノの観察**　　生活の中にはさまざまな人の営みの痕跡がある．具体的には，モノの存在や，利用されたために生じた傷，注意書きなどである（表 14-1）．これらを通じて，生活者の生活を推察することができる．

表 14-1　利用されることで生じた痕跡の例

区　分			例	ニーズとの関係
人の行為によらないもの			家屋外壁の雨だれの痕や日焼け	雨どいの改善，耐光性部材使用など直接の改善ニーズ
人の行為に関係するもの	行為者が自らつけたもの	人が行為の際につけた汚れ，傷	公衆電話の硬貨投入口のペイントの剝げ（図 14-8）	何らかの動作や行為の表象であり，それが自然にできるようにする
		人が自ら工夫したもの	冷蔵庫に貼りつけたメモ	生活ニーズの表れ
	管理者がつけたもの	注意表示	～に注意すること	注意しないでよくする
		依頼表示	～してください	～しないでもよいようにする（自然な行動を許容する）
		禁止表示	～するな	～してよいようにする

　①　**モノの観察：**　ある生活空間に「存在するモノ」，存在しておかしくはないのだが「存在しないモノ」を観察する．それにより，その空間における生活行動や，生活者の生活ぶり，趣味嗜好などを推察する．

COLUMN　考古学と考現学

　考古学とは，遺跡の観察を通じて，当時の生活・風俗・文化を探ることを目的にしている．当時の人はもはやいないので，行動を観察したり，インタビューをするわけにはいかない．残されたモノを通じて推察するしかない．土器や石器があれば，当時の技術水準も分かるし，住居跡からは，当時の家族構成や生活ぶり，部落の大きさも推定できる．墓跡があれば，当時の死に対する価値観を推察することができる．それは本当にそうなのかは分からないが，遺跡をもとに，納得できる解釈（説）の構築を目指している．そういった姿勢で，現代の生活を観察すると，現代に生きる私たちの行為や行動特性・風俗・風習・生活文化を知ることができるのではないだろうか．1927 年に建築家・今和次郎により提唱された考現学[1] は，こうした考え方に基づくもので，生活研究の一つの有力なアプローチである．

【例】
- ・存在しているモノ：冷蔵庫の中に，市販の冷凍食品やレトルト食品があふれていれば，炊事をする時間がないか，炊事嫌いが推察される．一方で食材が多く，しかも観察するたびに回転しており種類が異なるのであれば，料理好きで炊事時間があることが窺われる．冷蔵庫内に主食，副食になり得るものがない，あっても回転していないのであれば，外食中心の生活をしていることが推察される．
- ・死蔵されているモノ：趣味に関わるモノがあっても，しまわれているのであれば，趣味が変わった，やる時間がない，昔の思い出としてとってある，などという仮説が立つ．あるいは捨てるのに費用がかかるので，やむを得ず置いてあるだけかもしれない．もしそうであるのなら，廃品回収サービスへのニーズの表れということができる．
- ・存在しないモノ：家庭の洗面台には，歯ブラシや洗口液など，口腔ケアに関わるモノが存在していることが一般的である．もし，そこにそれらが存在していないのであれば，口腔ケアに無関心なのか，あるいは別のところでケアをしているのか，歯ブラシは個人が持ち帰るヴァナキュラーが存在しているのか，などの RQ が立ち，洗面台の改善にもつながっていく．

　②　**生活者が工夫したモノ**　　本来そこにあってはおかしいモノや，生活者が使っているうちに自ら工夫したモノは，設計段階では気づかれなかった生活者ニーズの表れといえる．

【例】
　　外階段に滑り止めテープが張られているのであれば，そこでは転倒しやすいということが推察される．つまり，外階段のタイルへの改善ニーズといえる．

1）　今 和次郎（藤森照信 編）："考現学入門"，筑摩書房（1987）.

③　**禁止表示**　　「～するな」という禁止の貼り紙は，利用者と管理者との戦いの痕跡である[2]．

　管理者を勝たせようとすれば，貼り紙の書き方にナッジを導入し管理者が望む行動へと利用者を誘導することや，懲罰を加えるなどにより行動変容を促すことなどが考えられる．一方で，利用者の願望を許容するという考え方もできる．それぞれの言い分を平和裏に解決する新たなモノゴト提案のニーズが存在していると受け止めるべきことである．

【例】
・"公園にペットを入れてはいけない"という禁止表示は，「連れていきたい」という愛犬家のニーズと，それは困るという管理者との戦いの痕跡である（図 14-6）．
・公園のトイレの屋根に登ってはいけないとの禁止表示は，登りたがる子どものニーズと，事故を防ぎたいという管理者ニーズの戦いである（図 14-7）．管理者ニーズはもっともなのだが，それが過剰になってしまうと，楽しくない児童公園になってしまう．

図 14-6　公園の禁止表示 ①　　　　　図 14-7　公園の禁止表示 ②

・"電車の床に座らないで"との車内表示は，床に座りたがる乗客ニーズの現れである．すべての乗客が床に座るのか，ある属性に限ったことか，なぜ直に座るのか，そしてなぜ座ってはいけないのか，といったことを突き詰めていくことで，関係者全員が満足できる解決策への手がかりが得られるかもしれない．また同様の問題を抱える別のモノゴトにも役立つかもしれない．

列車の扉（内側）に貼られていた表示

2)　水野映子，小松原明哲：人間生活工学，8(1)，30（2007）．

④　**自然についた傷跡**：　自然についた傷跡は，大きく「自然がつけた傷跡」と，
「生活者の行動，行為によりできた傷跡」の 2 種類がある．いずれも，モノの弱点を
表しており，改善ニーズの存在とみなすことができる．

・**自然がつけた傷跡**：家屋外壁の雨だれの跡など，長年にわたり使われていると，
そのモノのもつ弱点が傷跡として浮かび上がってくることがある．その弱点は克
服すべきニーズといえる．

・**生活者の行動，行為によりいつの間にかできた傷跡**：行動，行為によりできた傷
跡は，モノの「使いにくさ」を表していることが多い．

【例】
・公衆電話の硬貨投入口の多くは，左右に塗装が剝げている．硬貨を投入する際に，
うまく投入できない，つまり，投入口が使いにくいことが推察される（図 14-8）．
・駅のプラットホームのベンチの桟に，規則正しい汚れ（塗装の変色）がみられる．
座った人が寄りかかり，後頭部が接触してしまうのであろう．人は後方まで反り返
ることが推察される．この桟がなければ反対側に座った人と後頭部同士が接触し，
ケンカになってしまうかもしれない（図 14-9）．

図 14-8　硬貨投入口の傷跡　　　図 14-9　桟の塗装の傷跡

14·3　観察結果のまとめ

（1）**エスノグラフィー**　　相応の期間，規模で行った観察結果は，取りまとめる
必要がある．

とりまとめは，一種のエスノグラフィーとしてレポートにまとめるとよい．標準的
な構成は，「調査の目的」「調査概要（観察先，観察日時等）」「見いだされた事実（写
真など）」「得られた RQ・仮説」「所感」「参考資料」などということになる．

エスノグラフィーは，観察者の対象の読み解きではあるが，個人メモではない．相

手に了解されるように作成する．モノゴトづくりのためには特に次を考えるとよい．

- 事実の説明では，図表，写真を多用し，それを解説するように作成する．文章は少ないほうがよい．
- 事実と推察は明確に区別する．断定と推定の違いといってよい．
- 人間生活工学に関わる得られた RQ や仮説は，カテゴリーに分けて箇条書きにすることや，モデルに表すとよい（本ページのコラムでの表し方がその一例である）．

COLUMN　観察態度

　生活観察では，宇宙人になったつもりで観察するとよい．地球人の生態についてレポートをまとめて，本国某星の本部に報告すべし，というミッションを持った宇宙人が，地球に偵察に来たとする．例えば，図 14-10 のシーンを宇宙人が観察したら，彼らはどういうレポートを書くだろうか？

図 14-10

【総　説】
- 地球人は，他の地球人を集めて，言葉を通じて情報を拡散伝達する儀式をする．
- 伝達する人が一定時間話をした後に，伝達された人の一部が，交代で短時間，伝達者に話しかけ，それに対して伝達者は，ごく短時間，再発言するというやり取りがなされる．
- 沈黙が続いたときか，伝達者と伝達された人とのやり取りが活発になったときには，この儀式は終了する．

【位置関係】
- 伝達する人は，伝達される人より高い位置に立つ．
- 伝達する人と伝達される人は，対面の位置関係にある．

【伝達者行動】
- 1 カ所に立ち止まらずに歩き回りながら伝達する．
- スクリーンの前に立つ．

【被伝達者行動】
- 伝達される側は座っていなくてはならない．
- 伝達される側は頬づえをついて聞く．
- 伝達されているときには発言してはいけない．
- 一番前に座るか，後ろに座るかし，真ん中には座ってはならない．
- 席がたくさんあっても数人単位で隣接して座る．

【その他】
- 伝達する側もされる側も，裸でいてはいけない．

などなど．それは本当かどうかはわからないが，そういった気づきをレポートすると思う．そのような「気づき」がまさに RQ であり，仮説である．そして，その再現性が高いほど，それは地球人の行動，行為の法則，理論といえることになる．

（2）**観察結果の整理** 相応の数の観察を行った場合などでは，調査データを，統計的手法を用いて集計すると，特徴がより明確になってくる．

【例】ヒストグラム

ある高校で生徒 35 名に，お財布の中にいくらの現金があるかを尋ねたところ，図 14-11 のようであったという．平均値は 6430 円，中央値は 4000 円，最頻値は 2500 円であった．

最頻値からいえば，多くの生徒の財布の中身は 2 〜 3 千円程度，中央値では 4000 円であるが，なかには数万円ももっている生徒もいる．数万円もっている生徒に個別にヒアリングをしたところ，帰りに部活の道具を買うために持参しているとのことであり，この例外値（外れ値）が平均値を引き上げていることが分かった．

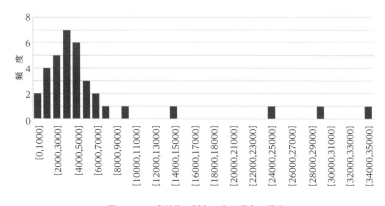

図 14-11 高校生の財布の中の現金の頻度

身長や体重などの自然現象に関わるヒストグラムは左右対称の正規分布（p. 190）となることが一般的であり，貯蓄額や電話の 1 通話の長さなどの社会事象に関わるヒストグラムは，この例にあるように，片方に裾野を引いた非対称のヒストグラム（分布）になることが多い．多くの数値データを得た場合は，平均値や分散を求める前に，どのような分布をなしているのかを必ず確認することがポイントである．

【例】散布図

自分たちの経験からすれば，気温が上がれば，清涼飲料水の摂取は増えるのではないかと思われる．実際，平均気温と，東京都内の飲料の販売数を調べたところ，炭酸飲料については図 14-12，コーヒー飲料については図 14-13 であったという[3]．

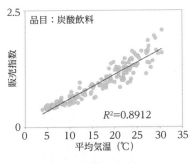

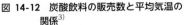

図 14-12 炭酸飲料の販売数と平均気温の
　　　　 関係[3]

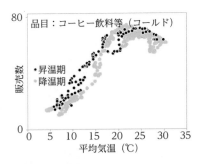

図 14-13 コーヒー飲料の販売数と平均気
　　　　 温の関係[3]

　炭酸飲料については，気温と販売数の間には線形関係が見られるが，コーヒー飲料
は気温が 22 ℃前後で販売数（購買数）が減っており，昇温期と降温期とでは，平均
痕が 10 ℃〜15 ℃あたりでの乖離も見られる．それぞれの飲料に対する嗜好には，
気温を媒介とした特質があることが窺われる．

COLUMN　「QC 七つ道具」「新 QC 七つ道具」

　品質管理（quality control：QC）の手法である「QC 七つ道具」「新 QC 七つ道具」は，生
活研究においても，観察結果の整理，集約に役立つ．前者は数値的なデータの整理に，後者は言
語データなどの定性的なデータへの手法である．
　・QC 七つ道具：パレート図，特性要因図，グラフ，ヒストグラム，散布図，管理図，チェッ
クシート
　・新 QC 七つ道具：親和図法，連関図法，系統図法，マトリックス図法，アローダイアグラ
ム，PDPC 法，マトリックスデータ解析法

演
習
問
題

1. 日常生活において，生活痕跡を調べ，その痕跡のできた理由や原因を考察してみ
   よ．また，新たなモノゴトへの提案につなげられないかを考えてみよ．

2. 地域や職場でしばしば問題になることに，「ゴミ出し」がある．「ゴミ出し」の
   ルールが定められていると思うし，ヴァナキュラーもあるかもしれない．どのよ
   うなルールやヴァナキュラーがあるかを調べてみよ．またゴミを出す人の行動を
   観察し，エスノグラフィーにまとめてみよ．

3）　株式会社インテージリサーチ（全国清涼飲料連合会協力）：気候情報を活用した気候リスク管理
　　技術に関する調査報告書（清涼飲料分野），気象庁委託調査，（平成 29 年 3 月）．

3. 以下の写真はある街の駅頭の様子である．宇宙人になったつもりでこの写真を観
   察し，地球人の行動に関わる気づき，仮説を列挙し，本星の本部に提出する報告
   書にまとめてみよ．

人間生活工学と研究倫理

　人間生活工学は生活者にとって良いモノやコトを提案し，生活者に適するようにデザインすることが目標である．この目標を達成するためには，生活者を観察し，RQや仮説を立て，検証していくなど，常に生活者との対話が必要になる．端的にいえば，モノゴトを検討するためには，生活者からデータ取得せざるを得ないということである．ここにおいて，対象者保護などの高度な研究倫理が求められる．

15・1　研究倫理

　人間生活工学研究は，最終的には生活者を通じてのモノゴトの評価が不可欠になる．つまり，一種の人体実験を行わざるを得ないということである．このことを踏まえると，人間生活工学の実践においては，高度の倫理性が求められる．

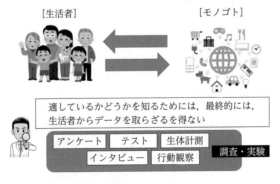

モノゴトを生活者に適合させる

（1） どのようなことに倫理性が求められるか？

① 対象者の健康，安全を損なう可能性がある： あるモノゴトを評価してもらうときには，実際に対象者にモノゴトを利用してもらい，そのときの実験参加者からデータを取得する必要がある．しかし，それは人体実験であり，参加者に対して，危害を加える恐れがある．危害が生じない配慮はもとより，万一，生じてしまった場合の対処も含め，慎重な研究計画が求められる．賠償責任保険に加入しておく必要もあるかもしれない．

【例】

- ・パソコンなどのディスプレイは，長時間見続けると視覚系に疲労をもたらす．より見やすいディスプレイの試作品ができたとして，その効果を評価するためには，長時間作業を参加者に行ってもらい，視覚系の疲労を評価することが望まれる．しかし，それはその人の眼を傷める実験になるかもしれない．
- ・その人の生活価値観などの聞き取り調査をしているうちに，思い出したくない過去を思い出させてしまい，精神的に動揺を与えてしまうかもしれない．
- ・高齢者，障害者，子ども，病弱者などのための製品開発のために，それらの方々に製品評価をしていただく場合，評価実験中に体調を崩されるかもしれない．また評価場所の往復において，交通事故などに見舞われるかもしれない．

② 実験・調査の結果は個人情報である： 実験・調査の結果は，個人情報である．それを本人の了解なく，個人が特定できる形で公開してはならない．流出も生じないよう，厳重な管理が必要である．

【例】

- ・ユーザビリティテスト：あるIT製品のユーザビリティテストを行ったときに，ある人はうまく使えなかったとする．そのことはその製品の改善点といえるが，別の見方をすると，その人はその製品をうまく使うことができない，すなわち，使う能力がないといういい方もできる．

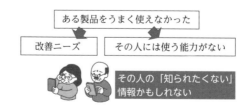

- ・嗜好調査：あるモノゴトに対して，好きか嫌いか，といった嗜好を調査したとす

　　る．それはモノゴトのデザインに役立つ貴重な資料となるが，その嗜好は，その人
　　にとっては他者に知られたくない嗜好かもしれない．
　・生活調査：生活実態を知ることは，市場を理解し，ニーズの把握につながる貴重な
　　データである．しかし，その調査は，その人の暮らしぶりを明らかにすることでも
　　あり，他人には知られたくない情報かもしれない．
　・調査手段：ある特定集団に対して，スマートフォンを使って調査を行うとする．し
　　かしこれはスマートフォンを持っていない人は参加できない調査になってしまう．
　　参加できない（参加しない）ということが明らかになると，それは集団内での差
　　別，いじめにつながるかもしれない．

　③　**その人の人生の貴重な時間を奪う**：　調査や実験に参加いただくことは，相手
の人生の貴重な時間を奪うことにもなる．たとえ同意を得ており，謝金を支払うとし
ても，意味のない調査や実験に付き合わされるのではたまったものではない．つま
り，研究を行う意義がないことを，参加者を募って行うことは非倫理的である．

　　【例】
　　・結果的にモノゴト開発に役立たないデータしか得られない調査や実験（研究計画が
　　　杜撰な研究）．
　　・すでに明らかとなっていることを重ねて調べる調査や実験，調べる価値のない仮説
　　　を調べる調査や実験（調べる理由がない研究）．
　　・シミュレーションや動物実験で十分に事足りる実験を，参加者を募って行う実験．

　④　**利益相反は開示しているか？**：　研究者が競合，相反する複数の立場をもって
いる状態を利益相反という．利益相反のあるものが，それを開示することなく，利益
相反が疑われる研究を行うことは，信頼のおける研究がなされているとはいいがた
く，得られた結果は社会から疑念を受けるものになることから，そうした研究に参加
者を募ることは非倫理的である．

　　【例】
　　・研究自体に影響が及んでいないとしても，悪徳企業から多額の研究助成金を得て，
　　　そのことを開示することなく消費者保護研究を行っている．
　　・自社製品の有効性を立証するためのデータ取得実験を，その会社の社員が自ら計画
　　　し，自社社員を参加者にして実施し，そのことを秘匿して広告・宣伝に用いる．

　(2)　**研究倫理審査**　　人間生活工学研究において，対象者の重大な個人情報を取
り扱わざるを得ない場合，侵襲性のある実験を行わざるを得ない場合，精神的・肉体

COLUMN 最低限の心得

人間生活工学に関わる研究倫理として，最低限，次の4点は常に問いかけていく必要がある．
・対象者の安全・健康に配慮すること
・調査も含めて得られた情報は個人情報であることを認識し，保護に努めること
・人を対象とする研究（実験・調査）を行う必要がないのであれば，しないこと
・社会から不審（不信，疑念）をもたれてしまう研究はしないこと

的に大きな負荷をかけるなどの介入を行わざるを得ない場合，調査や実験において相手に日常とは異なる協力を求めざるを得ない場合などは，大学などの研究機関が設置する研究倫理委員会の審査を受け，配慮状態に対して第三者の確認を得る必要がある．

配慮すべき事項や，配慮の方法などについては，ヒトを扱う研究団体（学協会）の多くが定めており，その基本には，国（文部科学省，厚生労働省および経済産業省）が定める「人を対象とする生命科学・医学系研究に関する倫理指針」（令和3年3月23日制定）がある．

重要なことは，対象者を保護するというその意味を深く理解することにある．研究計画書においての倫理配慮の書き方など，形式が整っていればよいということではない．

（3）**インフォームドコンセント** 実際に参加者を募って研究を行うに当たっては，参加者からインフォームドコンセントを得ること，すなわち研究内容を丁寧に説明し，同意を得ることが必要である．研究内容の説明においては，研究の意義，参加者にお願いすること，測定すること，想定される危害，万一，危害が生じた際の対

COLUMN ヘルシンキ宣言（人間を対象とする医学研究の倫理的原則） 世界医師会 （1964年6月採択）

医学は，人類の健康，福利のためにある．しかし，その発展の途上においては，ナチス・ドイツにおける非倫理的な人体実験がなされてきた暗い歴史もある．こうした暗い歴史に対する医学会側からの猛烈な反省の回答が，ヘルシンキ宣言（人間を対象とする医学研究の倫理的原則）である．「被験者の生命，健康，尊厳，全体性，自己決定権，プライバシーおよび個人情報の秘密を守ることは医学研究に関与する医師の責務である．被験者の保護責任は常に医師またはその他の医療専門職にあり，被験者が同意を与えた場合でも，決してその被験者に移ることはない（一般原則9.」をはじめとし，医学研究に携わる者が守るべき多くの原則が示されている．人間生活工学研究も人類の健康，福利を目指すものであり，基礎的な研究から，モノゴトの開発研究に至るまで，ヘルシンキ宣言の趣旨に基づきなされる必要がある．

COLUMN　SUICA 問題[1]

　2013 年に，東日本旅客鉄道（JR 東日本）が，同社の IC カード「Suica」の利用履歴を，個人は特定できない形とはいえパーソナルデータとともに外部企業に販売していたことが明らかとなった．同社は Suica 利用者に対して事前に同意取得を得ておらず，オプトアウトの手続きも保証されておらず，さらに蓄積されたデータが鉄道の利便性向上ではなく，同社の営利に利用されていたなどから，社会から糾弾されることになった．

　精度のよいビッグデータは，生活仮説を立て，新たなモノゴトを提案するのに有益であるが，一方では倫理的に慎重な取り扱いが求められるのである．

応，個人情報の取扱いなどを相手が理解できるように分かりやすく説明する必要がある．相手が理解できない説明，不十分な理解のもとでの同意は無効である．また参加は強制ではなく，不参加であっても不利益が与えられないことや，調査や実験途中においても，参加を辞退する権利は保障されなくてはならない．

15・2　技術者倫理

　すべからくモノゴトは私たちの生活の QOL を高めるためにつくられるものである．この任に当たるものが技術者であり，人間生活工学に携わるものも当然含まれる．

　技術者には技術者としての倫理性が求められる．具体的には次の問いかけを常に行い，誠実な行動をとっていくことが求められる．

COLUMN　スマートフォンとドケルバン病（狭窄性腱鞘炎）

　スマートフォン（スマホ），パソコンなどの操作で親指を酷使すると，指の痛みなどの傷害が生じる場合がある（ドケルバン病（狭窄性腱鞘炎））．この傷害は，スマホなどを長時間にわたって使わなければ生じない．そこで，メーカはこの傷害は利用者の問題であるとして，関知しないでよいのだろうか．製造物責任（PL）法など，法的にどう判断されるのかは分からないが，しかし，少なくとも，自分たちが世に送り出した製品が，利用者の QOL に問題をもたらしている（弊害が生じている）ということを知り，何かできないだろうか？　と考えることは必要だろう．直接，弊害を改善できればよいが，それができないとしても，悩むことは必要と思う．ダイナマイトを世に送り出したノーベル（A. Nobel）が，それが採掘など人のためではなく，人を殺傷することに使われることに深く傷つき，悩み，そしてその答えとしてノーベル賞が創設されたことにも通じるように思う．

1）　金子寛人：Suica 履歴販売が波紋呼んだ 2013 年，「匿名加工情報」議論の契機に，日経 xTECH/ 日経コンピュータ（2019.7.17）．

・それは本当に QOL の向上につながるモノゴトなのだろうか？

・別のところに弊害が生じていないだろうか？

・もし生活者に不利益があれば，それに対して責任を負っていることを自覚しているだろうか？ またその準備はできているだろうか？

・昔は許されていたことであっても，現代において許されていることだろうか？

・設計，製造，販売などのモノゴトの提供プロセスにおいて，QOL を高めるために，誠実に取り組んでいるだろうか？ それを正しく説明しているだろうか？

COLUMN 技術は嘘をつかない

「人は嘘をつくが，技術は嘘をつかない」という言葉を聞いたことがある．確かに，いかに言葉巧みに説明しても，人の都合で技術は動いてはくれない．

人間生活工学は生活者の暮らしに直結する技術だけに，ただちに人の QOL にも大きな影響を及ぼす．この言葉をしっかりと胸に刻むことが求められていると思う．

演習問題

1. 人間生活工学研究においての研究倫理について考えてみよ．

2. 所属組織における研究倫理審査制度を調べてみよ．

3. 文部科学省，厚生労働省および経済産業省が定める「人を対象とする生命科学・医学系研究に関する倫理指針」，世界医師会が採択している「ヘルシンキ宣言（人間を対象とする医学研究の倫理的原則）」を読み，人間生活工学研究においての意義を検討してみよ．

参 考 文 献

人間生活工学が関係する図書には本当にたくさんのものがあり，本書でもそれらを参考とさせていただいた．それらの中から，読者のさらなる研鑽のための図書を何冊か示す．

(1) 人間生活工学の基礎（第 1 ～ 3 章，第 15 章）

■ 人間生活工学の全容

・人間生活工学研究センター 編："人間生活工学商品開発実践ガイド"，日本出版サービス（2002）．
・人間生活工学研究センター 編："ワークショップ 人間生活工学"，全 4 巻，丸善，（2005）．

■ ヒトとモノとの関係

・今井倫太（日本認知科学会 監修）："インタラクションの認知科学"，新曜社（2018）．
・BB STONE デザイン心理学研究所（日比野治雄 監修）："よくわかるデザイン心理学 人間の行動・心理を考慮した一歩進んだデザインへのヒント"，日刊工業新聞社（2020）．

■ ヒトの動機と意思決定

・上淵　寿，大芦　治 編著："新・動機づけ研究の最前線"，北大路書房（2019）．
・山田　歩（日本認知科学会 監修）："選択と誘導の認知科学"，新曜社（2019）．
・本田秀仁（日本認知科学会 編）："よい判断・意思決定とは何か —合理性の本質を探る"，共立出版（2021）．

■ 生活と生活者を理解する

・岡本信也，岡本靖子："超日常観察記　ヒト科生物の全・生態をめぐる再発見の記録"，情報センター出版局（1993）．
・岡本信也，岡本靖子："万物観察記　モノの宇宙を探検する超絶フィールドワーク"，情報センター出版局（1996）．
・箕浦康子 編著："フィールドワークの技法と実際　マイクロ・エスノグラフィー入

門”，ミネルヴァ書房（1999）.

・市川秀之，中野紀和，篠原　徹，常光　徹，福田アジオ　編著：“はじめて学ぶ民俗学”，
ミネルヴァ書房（2015）.

・福田アジオ　責任編集：“知って役立つ民俗学　現代社会への 40 の扉”，ミネルヴァ書房
（2015）.

・島村恭則：“みんなの民俗学　ヴァナキュラーってなんだ？”，平凡社（2020）.

(2)　モノゴト作りの視点と方法（第 4 章）

・ジェラルド・ナドラー　著，吉谷竜一　訳（松田武彦　監修）：“理想システム設計　ワー
クデザインの新しい発展”，東洋経済新報社（1969）.

・加藤昌治：“考具 ―考えるための道具，持っていますか？”，CCC メディアハウス
（2003）.

・矢野経済研究所未来企画室：“アイデア発想法 16　どんなとき，どの方法を使うか”，
CCC メディアハウス（2018）.

・川上浩司：“ごめんなさい，もしあなたがちょっとでも行き詰まりを感じているなら，
不便をとり入れてみてはどうですか？ ―不便益という発想”，インプレス（2017）.

(3)　人間工学に基づくモノづくり（第 5 ～ 7 章）

■ 使い方が分かる（第 5 章）

・D.A. ノーマン　著，岡本　明，安村通晃，伊賀聡一郎，野島久雄　訳：“誰のためのデザ
イン？　認知科学者のデザイン原論”，増補・改訂版，新曜社（2015）.

・山岡俊樹　編：“デザイン人間工学の基本”，武蔵野美術大学出版局（2015）.

・米村俊一：“ヒューマンコンピュータインタラクション ―人とコンピュータはどう関わ
るべきか？　人間科学と認知工学の考え方を包括して解説した教科書”，コロナ社
（2021）.

・ジョン・ヤブロンスキ　著，相島雅樹，磯谷拓也，反中　望，松村草也　訳：“UX デザイ
ンの法則　最高のプロダクトとサービスを支える心理学”，オライリー・ジャパン
（2021）.

■ 使いやすい（第 6 章）

・日本モダプツ協会　編：“モダプツ法による作業改善テキスト”，日本出版サービス
（2008）.

・岡田　明　編著：“初めて学ぶ人間工学”，理工図書（2016）.

・小松原明哲：“エンジニアのための人間工学　改訂第 6 版”，日本出版サービス（2021）.

・福井　類：“人間工学にもとづく改善の教科書　人間の限界を知り，克服する”，日科技
連出版社（2021）.

■ 感性と主観評価（第 8 章）

・福田忠彦研究室　編（福田忠彦，福田亮子　監修）：“人間工学ガイド ―感性を科学する方

法”，増補版，サイエンティスト社（2009）．
・井上裕光：“官能評価の理論と方法 ―現場で使う官能評価分析”，日科技連出版社（2012）．
・神宮英夫：“ものづくり心理学　こころを動かすものづくりを考える”，川島書店（2017）．
・渡邊淳司（日本認知科学会 監修）：“表現する認知科学”，新曜社（2020）．

（4）　安全なモノゴト開発（第 9 ～ 10 章）

・向殿政男：“入門テキスト 安全学”，東洋経済新報社（2016）．
・小松原明哲：“安全人間工学の理論と技術　ヒューマンエラー防止と現場力の向上”，丸善出版（2016）．
・小松原明哲：“ヒューマンエラー　第 3 版”，丸善出版（2019）．

（5）　サービスと楽しいコトづくり（第 11 ～ 12 章）

・新井　一：“シナリオ作法入門　発想・構成・描写の基礎トレーニング”，映人社（2010）．
・M. チクセントミハイ 著，大森　弘 訳：“フロー体験入門　楽しみと創造の心理学”，世界思想社（2010）．
・廣田章光，布施匡章 編著：“DX 時代のサービスデザイン　「意味」の力で新たなビジネスを作り出す”，丸善出版（2021）．
・ポール・ジョセフ・ガリーノ，コニー・シアーズ 著，石原楊一郎 訳：“脚本の科学　認知と知覚のプロセスから理解する映画と脚本のしくみ”，フィルムアート社（2021）．

（6）　生活者に伝える技術（第 13 章）

・仁科貞文，田中洋，丸岡吉人：“広告心理”，電通（2007）．
・杉本徹雄 編（海保博之 監修）：“朝倉実践心理学講座 2. マーケティングと広告の心理学”，朝倉書店（2013）．
・櫻田　潤：“たのしいインフォグラフィック入門”，ビー・エヌ・エヌ新社（2013）．
・井庭　崇 編著：“リアリティ・プラス．パターン・ランゲージ　創造的な未来をつくるための言語”，慶応義塾大学出版会（2013）．

（7）　生活を観察する（第 14 章）

・日本建築学会 編：“生活空間の体験ワークブック　テーマ別 建築人間工学からの環境デザイン”，彰国社（2010）．
・山岡俊樹：“ヒット商品を生む観察工学 ―これからの SE，開発・企画者へ”，共立出版，（2008）．

（8）　新しいモノゴトづくりの方法とプロセス（第 13 〜 14 章）

・福原俊一："リサーチ・クエスチョンの作り方 —診療上の疑問を研究可能な形に—　第 3 版"，健康医療評価研究機構（2015）.
・JIDA「プロダクトデザインの基礎」編集委員会（日本インダストリアルデザイナー協会 編）："プロダクトデザインの基礎　スマートな生活を実現する 71 の知識"，ワークスコーポレーション（2014）.
・山崎和彦，松原幸行，竹内公啓（黒須正明，八木大彦ら 編）："HCD ライブラリー．　人間中心設計入門"，近代科学社（2016）.
・安藤昌也："UX デザインの教科書"，丸善出版（2016）.
・J. Zijlstra："Delft Design Guide : Perspectives‐Models‐Approaches‐Methods"，BIS Publishers（2020）.
・S. Wendel 著，武山政直 監訳："行動を変えるデザイン —心理学と行動経済学をプロダクトデザインに活用する"，オライリー・ジャパン（2020）.
・マーク・スティックドーン，アダム・ローレンス，マーカス・ホームス，ヤコブ・シュナイダー 編著，安藤貴子，白川部君江 訳（長谷川敦士 監訳）："This is Service Design Doing　サービスデザインの実践"，ビー・エヌ・エヌ（2020）.
・東京工業大学エンジニアリングデザインプロジェクト（齊藤滋規，坂本 啓，竹田陽子，角 征典 著，大内孝子 編著）："エンジニアのためのデザイン思考入門"，翔泳社（2017）.
・荒木博行："世界「失敗」製品図鑑　「攻めた失敗」20 例でわかる成功への近道"，日経 BP（2021）.

（9）　研究倫理（第 15 章）

・藤垣裕子："岩波科学ライブラリー 279　科学者の社会的責任"，岩波書店（2018）.

索　引

著者紹介

小松原　明哲(こまつばら　あきのり)
1957年　東京生まれ
早稲田大学理工学部工業経営学科卒業
博士(工学)，日本人間工学会認定人間工学専門家
産業医科大学医学部訪問研究員，金沢工業大学教授を経て，2004年
より早稲田大学理工学術院創造理工学部経営システム工学科教授

人にやさしいモノづくりの技術
—— 人間生活工学の考え方と方法

令和 4 年 3 月 30 日　発　行

著作者　　小 松 原 明 哲

発行者　　池 田 和 博

発行所　　丸善出版株式会社

〒101-0051　東京都千代田区神田神保町二丁目17番
編集：電話(03)3512-3263／FAX(03)3512-3272
営業：電話(03)3512-3256／FAX(03)3512-3270
https://www.maruzen-publishing.co.jp

© Akinori Komatsubara, 2022

組版印刷・製本／藤原印刷株式会社

ISBN 978-4-621-30711-3 C 3050　　　　Printed in Japan